百姓生活实用必备丛书
BAIXINGSHENGHUOSHIYONGBIBEICONGSHU

家有理财师

JIAYOU LICAISHI

百姓打造殷实家庭的理财技巧

（第二版）

张　艳◎著

经济管理出版社
ECONOMY & MANAGEMENT PUBLISHING HOUSE

图书在版编目（CIP）数据

家有理财师/张艳著. —2 版. —北京：经济管理出版社，2016.5
ISBN 978-7-5096-4378-5

Ⅰ. ①家… Ⅱ. ①张… Ⅲ. ①家庭管理—财务管理 Ⅳ. ①TS976.15

中国版本图书馆 CIP 数据核字（2016）第 102517 号

组稿编辑：张　艳
责任编辑：张　艳　丁慧敏
责任印制：黄章平
责任校对：新　雨

出版发行：经济管理出版社
（北京市海淀区北蜂窝 8 号中雅大厦 A 座 11 层　100038）
网　　址：www. E-mp. com. cn
电　　话：(010) 51915602
印　　刷：三河市延风印装有限公司
经　　销：新华书店
开　　本：720mm×1000mm/16
印　　张：16.5
字　　数：310 千字
版　　次：2016 年 7 月第 1 版　2016 年 7 月第 1 次印刷
书　　号：ISBN 978-7-5096-4378-5
定　　价：42.00 元

前言

你是否经常会有这样的感觉，在物质极大丰富的今天，你的钱包变得越来越薄。为了保证财富不缩水，家庭应该如何理财？如何做好家庭财务管理和金钱规划？如何避免过度消费和信贷？如何在储蓄和消费中找到平衡？

理财是所有家庭都必须面对的一项工程，尤其是对掌管着家庭财权的家庭主妇们来说，理财在人们生活中已经不知不觉地占据了很重要的位置。从最初的一无所有，到现在的略有积蓄；从解决最基本的衣食住行，到有所投资，生活、理财都需要从长计议。

有这样一个形象的比喻：储蓄是后卫，可用于应急；房产是前锋，会带来财富的增加；而保险则是强有力的守门员，为家庭理财中意料之外的事情做后盾。

生活中处处充满着理财的学问，理财要从理性投资的角度出发，多了解一些财经知识，正确看待不同理财产品、投资渠道及它们的市场表现。“不把鸡蛋放在同一个篮子里”，选择好“篮子”种类及各个“篮子”里“鸡蛋”的份额十分必要。

储蓄、消费、买房、股票、基金、黄金、期货、外汇、开网店、退休规划……你该怎样规划你的资金，怎样选择好你的“篮子”种类和比例，在本书中，你将找到你想要的答案。

本书以通俗易懂的语言对各种家庭投资理财方式的基本知识和技巧做了详细的介绍，汇集多方的资讯，融合专家的专业性建议，给广大读者带来全新的感受！

日常生活中，牵扯到理财的时候，我们往往首先想到的是收入了多少，开销了多少，甚至于每个月存下多少钱。其实，这些都是最简单、最基本的理财方法，也是大多数人会选择的一种方式。本书则在此基础上进行了升华，将理财中的各个环节一一攻破。

本书从理财前的准备开始写起，告诉人们正确的理财理念、适合自己的理财方式和产品以及如何打理手中的财富，实现“钱生钱”。书中有多个家庭和个人成功理财的典型案例，相信你一定能从中学到独特的理财知识和窍门，帮助你的家庭更理性地做出理财选择，使家庭生活更加稳定、和谐、健康。它将是一本能够真正帮助小康家庭实现既定财务目标的投资理财实用手册。

本书共分二十六章，主要包括家庭理财的基本常识、家庭理财工具（包括储蓄、消费、教育理财、房地产、股票、基金、国债、黄金、保险）、家庭理财热点及技巧、家庭综合理财实践等内容。

本书适合初步接触理财的读者，也适合已经开始理财，但想进一步提高理财能力、把家庭财产合理分配并最大限度地规避投资风险的读者使用，同时可作为学习理财知识的入门参考资料。

细读本书，你会发现这是一本影响人一生、惠泽家人的好书。无论你的理财目标如何，都可从本书中获得有益的启示，都能应用或参考书中介绍的理财理念和技巧，把经济命脉掌握在自己的手中。

如果你正在为理财发愁，如果你手中有钱而不知道如何打理才好，如果你一时还没有找到合适的理财方案，请打开本书，本书将为你提供丰盛的理财大餐，让你在理财的道路上畅通无阻。

家庭主妇们，摆脱自己的惰性，用勤劳为自己挖掘第一桶金，成为投资理财高手，为自己更加美好的生活而努力吧！其实理财很简单，难的就是克服懒惰，贵在坚持。

目 录

第一篇 理财入门篇

第二篇　财富生活篇

第四篇　理财升级篇

第六篇 经典实践篇

第一篇

☞ 理财入门篇

第一章 理财能力指数
决定家庭幸福指数

理财晚七年，相差一辈子

理财一定要先行，就像两个参加等距离竞走的人，提早出发的人，就可以轻松散步，留待后出发的人辛苦追赶，这就是提早理财的好处。

有两个年轻人，以定期定额的方式每月投资一样数额的基金，假设他们的回报率相同。一个从20岁就开始做，一个从26岁开始做，财富累积的效果却大不相同。

李先生从20岁起每月定期定额投资500元买基金，假设平均年报酬率为10%，他投资7年，也就是26岁时就不再扣款，然后让本金与获利一路成长，到他60岁要退休时，本金利息总额已经达到了162万元。但是张先生26岁才开始投资，同样每月500元，10%的年报酬率，他整整花了33年持续扣款，到60岁才累积到154万元。相比之下，李先生的日子要舒服多了。

我们假设上述的李先生在26岁并没有停止投资，而是继续每月投资500元，那么到了60岁，他积累的财富将是316万元，几乎是张先生的2倍。

但在投资过程中，人们往往会发现，坚持一个长期的投资计划相当不容易——市场下跌的时候，唉叹声一片，害怕亏欠的心理往往会让人们改变长期投资的计划；而如果市场飙升时，大家往往就会为了追求更多的收益而承担过高的风险。

追涨杀跌成为人们不可克服的人性弱点，极少有人能够逾越。所以，尽管很多人喜欢选时，而且总认为自己可以买在最低点，卖在最高点，实际上却正好相反，让众多投资者叫苦连天。

波段操作并不容易，长期持有才是简易且有效的投资策略。我们假设在1991~2005年的任意一年年初投资A股，持有满1年，按上证指数收益率计算，投资收益为负的概率为47%；持有满3年，投资收益为负的概率为38%；持有满6年，投资收益为负的概率降到10%；而只要持有满9年，投资收益为负的概率降为零，至少可以保证不赔。

所以长期投资计划也要从长计议，忌“选时”、“追新”。市场不好的时候，就像开长途车遇到交通堵塞，看到路边骑自行车的人呼啸而过，虽然也会有抱怨，但我们绝对不会因为羡慕自行车的灵便而把轿车卖掉，改买自行车继续旅程。

知识链接

理财专家刘彦斌：理财其实很简单

我国著名的理财专家刘彦斌认为，理财其实很简单，每一个想与财富结缘的人，迟早都要走上理财之路，既然是迟早的事儿，何必不早一步呢？不要说现在没有钱，不要说你没有时间、没有经验……做好以下三个步骤，你就可以成为理财高手。

1. 攒钱

只要你有工作，只要你能自食其力养活自己，你就可以通过努力赚钱、控制开支来攒钱。当然，控制的程度取决于你想攒多少钱。

2. 以钱赚钱

相比较而言，三个步骤当中就这一步还有点儿“技术含量”，而贫与富的差距也就在这里。世上原本就没有不劳而获的事情，要想舒舒服服地过上有钱人的日子，多动动脑子，学点儿理财知识还是值得的。尤其是在当下的大环境下，无论是投资渠道，还是投资氛围，相较于以往，不知要好上多少倍。

3. 保险

如果我们把理财的过程看成是建造财富金字塔的过程，那么买保险就是为金字塔筑底的关键一步。很多人在提起理财的时候往往想到的是投资、炒股，其实这些都是金字塔顶端的部分，如果你没有合理的保险做后盾，那么一旦自身出了问题，比如失业、大病，我们的财富金字塔就会轰然倒塌。没有保险，一人得病，全家致贫。如果能够未雨绸缪，一年花上千儿八百块钱，真到有意外的时候可能就有一份十几万元、几十万元的保

单来解困，何乐而不为呢？

换个思路想想致富这件事，不要再把理财当做一个计划，尽快把它化为行动吧！

会理财才能当好家

从前，有这样一位富翁，他惜财如命，从来不舍得花一两银子，虽然他有万贯家财，却从来不想着去使用这些金银。年老的时候，他将自己辛辛苦苦置办的家业兑换成了一麻袋金子放在自己的床头，每天睡觉时，他都要看看这些黄金，摸摸这些财富。

但是有一天，这位富翁忽然开始担心这袋黄金会被歹徒偷走，于是他跑到森林里，在一块大石头底下挖了一个大洞，把这麻袋黄金埋在洞里面。这下，富翁感觉轻松了很多，也不担心自己的金银会被歹徒偷走了。平时，他总是隔三差五地来到森林里看看黄金，只要能看到这些黄金，他心里就会感到无比的幸福。

然而，好景不长，富翁频频进森林的举动引起了一个歹徒的注意，当这名歹徒发现富翁的这个秘密后，就尾随他找到了这麻袋黄金，并在第二天一大早就把这麻袋黄金给偷走了。富翁发觉自己埋藏已久的黄金被人偷走之后，非常伤心，郁郁寡欢，不久就命丧黄泉了。

这个故事告诉我们一个很浅显的道理，那就是财富如果不能为我们所用，那就和没有财富没有区别。

古人言：金银财宝，生不带来，死不带去。因此，我们应该在自己的有生之年好好对金钱进行合理的规划，让这些财富取之有道、用之有度，为自己和家人的生活增添乐趣和幸福，让这些财富能够充分为我们所用。

然而，就目前的经济状况来看，我国还属于发展中国家，经济收入还处于较低水平，这就意味着中国绝大部分的家庭还是处于低收入水平，家庭财务状况还不是很理想，这就意味着中国的家庭更需要一种经济实用，能让财富发挥出最大效益的财务规划手段，也就是家庭理财学。具体来说，家庭理财学在现阶段家庭理财中具有以下五种最重要的优势：

第一，家庭理财能够分散投资，规避风险。众所周知，每一种投资都会伴随着风险，但是我们所要做的，就是巧妙地将投资风险的概率降至最低，使之不足以影响我们的生活质量。在家庭理财中，我们应该遵循这样一种投资规则："不要把全部的鸡蛋放在一个篮子里。"也就是说，家庭理财，我们要分散投资，规避风险。因为好的理财活动不仅要能规避风险，还应该收到增加收益的效果，这样就需要我们对家庭财产进行合理的配置，规划出一套最实用的投资理财结构。那么，究竟怎样的一种投资结构才是最合理、最能规避风险的呢？怎样才能最大限度地进行资产合理优化组合呢？一般来讲，最大众的投资搭配方式应该是：在家庭总收入中，消费占45%，储蓄占30%，保险占10%，股票债券等占10%，其他占5%，这样的投资搭配结构既能保证我们的生活水准不降低，又能规避风险，还能适当增加收入，是一种较为稳妥的投资理财结构。

第二，家庭理财能够聚沙成塔，积累财富。家庭财富的增加取决于两个方面，一方面要"开源"，即通过各种各样的投资和经营活动增加自己的财政收入；另一方面要"节流"，即通过合理规划财富，减少不必要的开支。家庭理财的一个至关重要的作用就是能够帮助我们将多余的财富进行合理规划，让"小钱"积累成"大钱"。很多人认为生活中的一些细微开支不需要算得那么清楚，但是，长久下去，这将成为家庭中的一个沙漏，总是在不经意中将家庭财富毁灭于无形之中，因此，必须用理财这个工具将这个沙漏彻底堵住，不该花的钱一分也不能花。只要我们养成合理规划消费的习惯，慢慢地，我们就会发现，那些看似不起眼的小钱一样能成为家庭财富中一笔可观的收入。

第三，家庭理财可以防患未然，未雨绸缪。人的一生不可能永远一帆风顺，虽然我们并不希望遭遇到一些不测，但是命运不会一直按照我们想要的为我们安排，生活中还是会有一些意想不到的事情让我们烦恼，甚至陷入窘境，因此，我们必须在平时注重家庭理财，对一些突发事件做到未雨绸缪、防患未然。合理的家庭理财不仅能够增加一些家庭收入，还能让我们在遭遇突发事件时应对自如，不至于手忙脚乱。购买保险、注重储蓄……这些平时对我们生活并不会造成很大影响的投资方式将会在特定情况下发挥不可估量的作用，为我们雪中送炭。

第四，家庭理财能够稳妥养老，安度晚年。人，总会有年老体弱的一天；人，总会有干不动的一天，这就需要我们在年轻的时候对自己的晚年生活进行妥善的安排，让我们的晚年过得有尊严。现在，社会上大多数年轻人都是独生子女，如果让一对夫妇同时赡养四位老人，除非这对夫妇是腰缠万贯的富翁，否则是根本不可能的。所以，晚年的幸福生活归根结底还是要靠自己。因此，

我们年轻的时候一定要做好理财规划，合理稳妥地进行理财，为退休后的晚年生活储备出足够的生活保障金，让自己有一个幸福、独立、自尊的晚年生活。

第五，家庭理财能够提高生活质量。由于对家庭财富进行了合理的规划和安排，家庭成员的生活状况就有了很好的保障，在此基础上，随着理财规划的进一步合理化，家庭的风险抗拒能力将会越来越强。随着家庭收入的不断增多和理财规划的不断合理化，家庭的奋斗目标也将会一步步实现。从租房子到自己买房子，从坐公交车到自己买车，从解决温饱到能够自主旅游……奋斗目标一步步实现的同时也让家庭成员的生活质量得到了很大的提高，这一切都离不开理财。

初出茅庐，刚涉职场，众多的年轻人对“理财”这个词不理解也不重视，但实际上这个词却是你以后生活中最重要的词之一，理应对其加以重视。

什么时候开始学会理财

有一些年轻人，认为刚入社会，收入都不高，根本存不下钱来，但这并不能成为你不理财的理由。要知道，理财就应当从年轻时做起，而且越早理财越好，即便是很少量的钱，只要分配合理，完全可以让你更快地实现致富的目标。

例如，如果按照 65 岁退休，你每年拿出 2000 元投资，按年投资报酬率为 15%算，那么从不同的年龄开始，你到最后所能获得的财富将如下表所示：

开始投资的年龄	在退休时所能得到的钱
20 岁	8247794 元
25 岁	4093907 元
30 岁	2028689 元
35 岁	1001914 元
40 岁	491424 元
45 岁	237620 元
50 岁	111435 元
55 岁	48699 元
60 岁	13603 元

如表所示，你从 20 岁开始，利用复利效应，那么到 45 年后，你就有 800

多万元。如果你从25岁开始投资理财，40年后，你的财产就可以达到400多万元。可是当你越晚理财的时候，你最后所得到的钱越少。

惊人的差别，时刻提醒着你，理财不是件可早可晚的事情。将来的财富可能就在你的手边，而你要做的就是紧紧抓住它，而不是任它悄悄流失。

做好家庭收支预算，你的小家庭才会更和谐幸福

无论是美国的次贷危机还是现在的全球经济危机本质上都是膨胀的欲望在驱动，如果不是人们超前消费，如果不是银行无限放贷，或许危机就压根儿没有机会爆发。老一辈人一再教育子女，“过日子就得省，千万不要借钱消费，因为迟早要还的”。是呀，压根儿没看过《无间道》的老大爷都知道借着钱花迟早要还的，何况你我这些出来混的呢？悠着点儿花吧，悠着点儿。

怎么悠着点儿呢？做好家庭收支预算是关键。

什么是家庭收支预算？一般地说，家庭收支预算包括年度收支总预算和月度收支预算。按照“量入为出”的原则，制定年度收支总预算首先要明确家庭在未来一年要进行多少储蓄和储备，这样一方面达到家庭资产按计划增长的目的，另一方面可以防备未来的各种不时之需。

每个家庭都应该做好家庭收支预算，作为家里的顶梁柱的男人们更是应该做好家庭收支预算，这样你的小家庭才会更和谐、更幸福。如果你不做好家庭收支预算，生活中万一遇到一些不时之需时，你会变得手忙脚乱，会给你增加更多的困难。

小刘和他妻子是“月光族”，已经结婚2年了，准备2~4年后要小宝宝。一次，妻子因为急性阑尾炎去医院做手术，医院让小刘拿一笔住院费，小刘顿时六神无主。身上仅有1000元的他，去哪里拿出近6000元的手术费呀？这时他才想起来自己在平时为什么不存一点儿，以解燃眉之急。当他向周围的同事借钱时，他才感觉到自己是一个多么不称职的老公。

小刁是一位推销员，妻子是一位小学教师。像大多数夫妇一样，他们经常为家庭经济问题争吵。调查表明，有将近半数的人认为，钱是他们婚姻关系中第一位的问题。据我国婚姻家庭研究中心对131户家庭所作的一项调查研究表明，不会做好家庭收支预算是导致家庭矛盾的元凶——即使家庭经济宽裕的夫妇也极易为钱而争吵。

小刁说，我每个月挣的钱比我周围的人多了两三千块钱，我妻子的工资也不低，但是我们一到年底还是经常不宽裕，我们也为此很苦恼。难道是我这个家里的顶梁柱没有做好家庭收支预算造成的？孩子小时，我认为，儿子9年后能上大学，才会用上大钱。可是孩子还没有上高中时，我就感到自己身上的经济负担重了。最近妻子经常与我吵架，说我不像其他的男人那样会理财，让她费心，跟着我生活受苦……我为此苦恼极了。

从上述的案例中我们可以看出，家庭预算确实是个令人头痛的难题。要想将它变得轻松一些，我们就要懂得：家庭预算只不过是帮助我们实现目标的一种工具，不能因为钱限制夫妻之间的恩爱欢乐。在日常生活中消费计划不要订得太死，你会发现它有时订得不合适，或是忘了某些开销，或是好几个月未作适当调整，但你最终总会使消费计划较为有效地起作用。

尽管制定家庭预算是件棘手的事，但一份书面预算方案仍是把好使的钥匙。它也是引导夫妇们走向希望和理想的导游图。而且，它能不止一次地防止夫妇为钱而争吵。

为什么要做家庭收支预算，做好家庭收支预算具体有以下几条好处：

第一，能掌握家里的收支情况，对指导家庭开支有一定的帮助。

第二，随时掌握家庭财产状况，包括财产规模、分布情况等便于适当做些理财分析。

第三，经历过一段时间记账后，掌握了家庭收支规律时做一个家庭年度财务收支预算，也不是很复杂，以便于有目的地预测和计划家庭开支。

第四，能约束家庭无节制开支行为，发现某项开支过于异常时，你不用批评谁，给她或他报一报数据就很有效。

众所周知，随着社会的发展，人们生活水平的不断提高，家庭闲置资金越来越多，且家庭开支项目也越来越繁杂、开支金额也越来越大。如果说在人们生活水平较低、收支渠道比较单一的情况下，家庭收支预算并不能够为家庭理财带来什么益处的话，那么随着社会的不断发展，人们的收支逐步多元化，若没有一个清晰的家庭收支预算，要进行良好的家庭理财显然是不可能的。

如果收支预算表显示你每月有余钱，你可以实行一个定期储蓄计划，或者新造一宗贷款然后用每月的余钱偿还。这时你就要注意了：必须绝对肯定自己有余钱负担每月还款或供款额，才可以申请贷款或实行定期储蓄计划。

如果收支预算表显示你入不敷出，你必须找出原因。如果只是短暂的入不敷出，你或者可以通过动用储蓄或使用信用卡签账等方法，解决这类短期问题。但是，如果你每个月底都入不敷出，唯一的解决办法就是缩减开支或增加

收入。

毋庸讳言，做好家庭收支预算是你、我家庭幸福的基本条件之一。

知识链接

家庭理财中形形色色的“3”

家庭理财生活中，我们还会碰到形形色色的“3”字，很多都是要记牢的。

比如，对于普通家庭或个人而言，手中日常持有的备用金（包括现金和活期存款/货币市场基金）应为家庭平均月支出的“3”倍为宜。因为谁都会有个急事，比如一笔额外的大宗支出需求（生病住院的垫付费用），或是突然被公司炒鱿鱼需要一段时间来寻找新的工作机会。这个理论上的“3”就来自于人们对于短暂失业期一般为3个月的考虑。依靠日常备好的这笔资金，足以鼓励你找寻下一个更好的工作机会。若你本身的现金流是特别不稳定的，则可以将这个倍数提高到“6”。

还有就是每月的房屋贷款月供不要超过你家庭月收入的1/3。这个我们可以从银行审核贷款额度的角度来看。银行在开展房贷业务时，除了考虑房产的价格多少，通常也会以每月房贷还款额不超过家庭所得的1/3作为重要的考量指标。对于个人而言，也应该运用这个数据来作为自己每月现金流入流出的安全警戒线。

再比如买股票，专业人士提醒说记住别超过“30”。因为虽说不能把鸡蛋放在一个篮子里，但篮子太多也不利于财富的积累。有专家做过统计，如果想通过炒股获得较高收益，买股票最好不要超过30只。因为超过30只的组合，其平均收益与大盘基本没有区别，还不如去买更便宜且不用费脑筋的指数基金。

当然，用理财专家的话讲，无论怎样的法则，都要因人而异。但是当你刚刚涉足理财、尚无方向和自己的主意时，不如就先遵循这些主流又简单的法则，直接仿效前人总结过的经验，就可以达到基本的财务安全，开始稳健理财了。

小测试：你是理财高手吗

回答下面 15 个问题，你就知道自己是不是理财高手了。

1. 你是否对自己的消费支出做事先的规划？

a. 不会　　b. 有时候会　　c. 经常

2. 你会预留资金作为应急用吗？

a. 不会　　b. 有考虑　　c. 会

3. 在朋友的眼中，你是怎样的一个人？

a. 对钱没有概念，花钱随意

b. 有时候会去挥霍一下

c. 花钱谨慎，经常仔细盘算

4. 你现在知道自己的银行户头存款数吗？

a. 不知道　　b. 大约知道　　c. 知道

5. 你经常存款吗？

a. 不经常　　b. 有时候会　　c. 经常

6. 到了月底，你会发现：

a. 口袋空空，却不知道钱花哪儿去了

b. 有时候能从众多花费中省出一部分累积存款

c. 每月固定存一部分

7. 当你有借贷需要时，你会：

a. 直接和自己的往来银行洽谈

b. 向朋友借

c. 比较各利率及循环期，选择最佳渠道

8. 你知道目前积压的信用卡账款数吗？

a. 不知道　　b. 大约知道　　c. 很清楚

9. 你的信用卡账款：

a. 一直在累计欠款中

b. 有时会出现循环利息，下月注意补上

c. 通常会逐步增多

10. 当你使用信用卡时，你会：

a. 购买价格较高产品，很少考虑卡上是否有钱

b. 与现金购物比较，心情放松多了

c. 与现金购物一样谨慎考虑

11. 你是否曾使用信用卡超过信用额度？

a. 常常如此　　b. 有时候会　　c. 不曾有过

12. 当一件商品十分吸引你的目光时，你会：

a. 毫不犹豫地买下来

b. 考虑之后，但一定要买

c. 仔细盘算，是否应该买下

13. 当你计划购买价格较高的产品，如电视机、冰箱等，你是否货比三家？

a. 不会　　b. 有时候会　　c. 通常如此

14. 当你计划一个假期时：

a. 在最后账单结算时，总超过自己的想象

b. 允许自己享受一下豪华假期

c. 会事先计划预算，在计划内消费

15. 在度假时，你是否曾有过花费超过预算的情形？

a. 常常如此　　b. 有时如此　　c. 不会

统计上述问题答案，选 a 可得 1 分，选 b 可得 2 分，选 c 可得 3 分，计算你的总分。

若得分在 15~25 分，说明你是一个采购狂，应尽快开始设计预算，以及聪明地选择消费方式及理财方式。

若得分在 26~35 分，说明你做得还不错，将自己的银行存款保持在最佳平衡状态，只是还未发现某些更高明的理财手段。建议你审视一下自己的理财规划，并试试更大胆的决策。

若得分在 36~45 分，说明你是一个十足的理财高手，善于掌握财务风险，并运用财务杠杆为自己创造财富。

第二章 “盘点”家底

——理顺自家的财务状况

你的财产，你了解多少

要想理财，必然要先“盘点”自己的资产。对于你的财产，你了解多少?你能在一分钟之内说出你有多少存款，有多少投资，有多少负债吗？相信大多数人都不能。连自己的钱，你都不能做到心中有数，又怎么能奢求它会给你带来无尽的财富呢?这就凸显出我们要清点财产的必要性了。

资产情况大体上分为两方面，一方面家庭资产情况，另一方面家庭负债情况。

家庭资产都包括什么?

它可以根据不同的分类方法划分出不同种类。可根据财产流动性的大小分为固定资产和流动资产，亦可以根据资产的属性分为金融资产、实物资产、无形资产等。

不过在理财中，可将其做如下划分：

1. 固定资产

固定资产指在较长时间内会一直拥有的，价值较大的资产。如住房、汽车、较长期限的大额定期存款等，一般指实物资产。

2. 投资资产

投资资产主要指进行旨在能够带来利息、赢利的投资活动，承担一定风险的资产。如股票、基金、债券等。

3. 债权资产

债权资产指对外享有债权，能够凭此要求债务人提供的金钱和服务的资产。

4. 保险资产

保险资产指用来购买社会保障中各基本保险以及个人另投保的其他商业保

险的资产。

5. 个人使用的资产

个人使用的资产指个人日常生活中经常使用的家具、家电、运动器械、通信工具等价值较小的资产。

家庭负债又包括哪些内容呢?

根据时间的长短，可分为长期负债和短期负债。

1. 短期负债

短期负债指一年之内应偿还的债务。

2. 长期负债

长期负债一般指一年以上要偿还的债务。具体说，这些债务包括贷款、所欠税款、个人债务等。

在了解了家庭资产和家庭负债的基本情况后，请对自己的资产状况做一下对比评估。如果目前，你的家庭资产和家庭负债基本能保持平衡或者略有盈余，表明你的资产情况良好。若负债大于家庭资产，则表示你的资产情况有问题，应及时予以调整，尽量将负债控制在自己可掌控的范围内。

通常来说，家庭的资产情况要讲求平衡，完全是资产而没有负债是不现实的，而完全都是负债，却没什么资产又是非常危险的。只有在平衡或者略有盈余后，家庭资产情况才能呈现出最佳状态。

你的财务独立吗

要想做个富人，你的一切就都要向富人看齐。而在富人的理财观里，第一项就是财务要独立。倘若你连财务都不能独立，那么你还提什么致富？没有一个稳固的经济基础，你又怎么可能一步步实现自己的梦想，建立起自己的财富王国呢?

现在的财务独立，已经不能套用过去的方式，让我们先来做一个小测试。

(1) 你是否能够完全靠自己的收入养活自己?

(2) 你现在还有没还清的负债吗?

(3) 你的信用卡透支了吗?

(4) 如果出现紧急情况，你自己能应付得了吗？或者是否有应对措施?

(5) 你是否拥有一定量的稳定的投资收入?

如果通过思考，你的答案是——能靠自己来养活自己；身上也没有负债；

为了应付紧急突发事件，你为自己买了相应的保险或者留存了备用的存款；手头还有一定量稳定的投资收入。那么恭喜你，你的财务已经达到了基本独立。但如果有一条不符合，那你都不能算是财务独立，你的生活仍可能会因为一些意想不到的事件而被搞得一团糟。

因此，就算是降低一下现在的生活水平，也要满足这些最基本的条件，这样你的致富计划才能顺利展开。

你的财务“健康”吗

你是否想过要为自己的财务状况进行一下健康检查？也许你的财务已经拉响了警报了。所以，现在就对你的财务进行一下体检吧。

财务健康测试：

其一，你的个人基本情况，比如个人的年龄，从事的职业，身体的健康状况，有哪些家庭成员，以及家庭成员的年龄、职业、健康如何？

其二，你的财务状况，比如本人和家庭成员的收入，生活支出和各项费用如何？生活水平如何？生活中有没有负债？有没有潜在的金钱隐患？你用了多少钱去进行风险投资？你是否有相当于至少两个月生活费的备用资金？

现在，请你将答案写在纸上，再自我评估一下，看看是否对自己的答案满意。如果你的家庭——收入稳定，没有债务，没有金钱隐患，且成员都身体健康，更没负担过多的风险投资。可以说，你的财务总体上是健康的。如果你觉得答案并不乐观，那就要注意了。基本的情况是最重要的，一旦发现问题，必须尽快想办法解决。

除此之外，在不同的人生阶段你还要考虑下列问题。

1. 结婚计划

结婚是人生大事，一般都举行得比较隆重，会支出很大一笔钱，因此，我们必须纳入财务规划。

2. 购房计划

房子是一个人最重要的财产。因为房子就是家的象征。购房是要纳入财务规划中的。

3. 子女的教育计划

子女的教育计划是怎样都不能少的。据国家统计局的最新统计，要想在中等城市把孩子养到22岁平均要花49万元。因此，在刚结婚时，夫妻就要未雨绸缪了。

4. 老人的赡养计划

赡养父母是我们不可推卸的责任。而现在的年轻人多是独生子，每对夫妻身上的担子就更重了。所以，要想让老人安享晚年，你就必须有所规划。

5. 自己的退休计划

忙碌了一生，绝对不能忘了给自己一个安稳的后半生。这是人生最后一段路，如果没有良好的规划，可能你会走最艰辛的路。

综合以上各个阶段，你再检测一下，看看自己的财务还健康吗？若得到的回答是肯定的，那么恭喜你，你的财务通过了全面的测试，可以确定为健康了。若相反，你就要当心——危机可能随时会光临。总之，保持财务的健康是你的“理财之本”，这条万万要切记！

你掉入危机当中了吗

如今，我国家庭传统的理财观念正在被不断颠覆，更符合时代潮流的新兴理财观正在出现。你掉入危机当中了吗？四大指标测试家庭财务健康状况。

1. 家里该留多少钱

[健康指标]

流动性比率 3%~6%为最佳。

[指标解读]

流动性资产是指在急用情况下能迅速变现而不会带来损失的资产，比如现金、活期存款、货币基金等。计算公式：流动性比率 = 流动性资产 ÷ 每月支出。

[专家指路]

专家指出，如某家庭月支出为 800 元，那么该家庭每月合理的流动性资产，也就是闲钱就应在 2400~4800 元。

如果该家庭的流动性比率大于 6，则表明这个家庭中的闲置资金过多，不利于资金的保值增值，也表明该家庭打理闲置资金能力的不足；如流动性比率过低，则意味着该家庭已出现财务危机的迹象，也就是常说的资金“断流”。此外，一旦该家庭出现家人病重住院等突发事件，如闲钱过少，受到的影响更是不可估计。

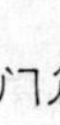

2. 每月该花多少钱

[健康指标]

消费比率40%~60%为佳。

[指标解读]

消费比率=消费支出÷收入总额×100%。这一指标主要反映家庭财务的收支情况是否合理。

[专家指路]

专家认为，如果家庭消费比例过高，则意味着该家庭节余能力很差，不利于家庭财务的长期安全；如比例达到1，则表明该家庭已达到“月光族”的状况；如比例过低，表明家庭用于日常花费很少，会影响家庭成员的生活质量和品质；如果更低，就相当于我们常说的所谓“铁公鸡”。

3. 每月还贷多少钱

[健康指标]

债务偿还比率小于35%。

[指标解读]

偿债比率=每月债务偿还总额÷每月扣税后的收入总额×100%。这一指标主要反映一个家庭适合负担多少债务更合理。

[专家指路]

专家认为，债务偿还比率主要针对目前准备贷款或已经贷款的家庭而言，俗话说“无债一身轻”，如一个家庭的债务偿还比率为零，则表明该家庭财务自由度会非常高。

相反，如一个家庭债务偿还比率接近或高于35%，再加上40%~60%的消费比率，那么该家庭会随时面临财务危机，只能一方面减少消费比例，另一方面不断增加收入。

4. 每月投资多少钱

[健康指标]

净投资资产÷净资产，得出的数值等于或大于50%。

[指标解读]

这是反映一个家庭投资比例高低的指标，其中，家庭净资产是指包括房产和存款在内的家庭总资产扣除家庭总债务的余额。净投资资产是指除住宅外，家庭所拥有的国债、基金、储蓄等能够直接产生利息的资产。

[专家指路]

专家认为，家庭投资理财应该是一种长期行为和习惯，目的在于提升家庭的生活质量，而这首先要建立在有财可理、有钱可投的前提下。如一个家庭投资比例过低，表明一个家庭节余能力不足，这与该家庭的债务偿还比率、消费比率、流动性比率都有关系；如一个家庭投资比例过高，则意味着该家庭的资金面临的风险更大，一旦出现问题，对家庭生活影响更大。

由此可见，对于一个家庭来说，每个月保持合理、有效的财务指标是非常重要的。

知识链接

理财体检，及时发现自身家庭财务隐患

理财体检是相对于健康体检而言的，健康体检的目的是及时发现身体健康存在的问题与隐患，及时做出治疗，预防疾病进一步恶化，保证身体健康。理财体检是对家庭财务进行诊断，发现日常家庭理财过程中存在的误区与隐患。这些隐藏的隐患如果不及时发现，易造成累积爆发，影响正常的家庭生活。只有及时发现并消除理财隐患，你的家庭财务才能处于安全的状态，才能更好地应对危机。

1. 节流为本

金融危机可能给白领家庭带来收入减少甚至中断。在这种情况下，为了更好地应对危机，“节流”是十分必要的。节流需要从一支笔、一本账本开始，要学会记账，记账是控制自己消费欲望的一个好方法。可以将每月的消费支出分为基本生活支出、必要生活支出和额外生活支出三个项目。养成每月记账的好习惯，到了月底翻开账本看看哪些是必须要购买的，哪些是可以不用购买的，这样做有助于减少不必要的开销，节约消费支出。

2. 强制储蓄，积攒资本

时尚是白领的共同特点，平时消费大手大脚，衣食住行讲求品位，这是因为有下月工资收入作为支撑。然而，金融危机爆发后，衣食无忧可能成为历史，工作已不再是“铁饭碗”，下一个被裁的可能就是你。所以，应该及时进行强制储蓄，为未来随时可能出现的变数积攒必要的资本。所谓强制储蓄，是指必须进行的储蓄，不管发生什么情况，每月都要攒出一定数目的资金。强制储蓄，可以有效积累财富，越早开始储蓄投资，存的金额越多，就越容易提早累积到一笔资产。另外，基金的定期定投也是一种不错的选择。金融危机当前，为自己积攒一笔备用金是很有必要的。

3. 适当加大流动性

流动性是衡量家庭财务变现能力的一项指标，通过流动比率来计算。流动比率是家庭资产中能迅速变现而不受损失或不需支付费用的那部分资产（比如现金、活期存款、货币市场基金）与每月支出的比例，一般认为3~6倍是合理水平。如果一个家庭的流动比率为3~6倍，就是说这个家庭为以后的生活准备了3~6个月的应急备用金，即使在没有收入来源的情况下也可应付3~6个月的开销。然而，金融危机背景下，白领家庭的收入来源随时都可能发生中断，所以流动性可适当加大，预留7~9个月的应急备用金比较合适。

4. 保险避免“财务裸奔”

中国多数白领家庭容易忽略保险的重要性。如果家庭突然发生意外，巨额医疗费用的支出或许将给家庭财务造成沉重的负担。没有保险就等于财务上的“裸奔”，任何一个家庭都需要足够的保险来保护你的家人与财富。当前情况下，白领家庭更应购买一定量的保险，在品种选择上可以偏向于保费较低的意外险。那么白领家庭应该买多少保险？一般来讲，一个家庭的保费支出占家庭年收入的5%~10%是比较合理的，不同家庭需要根据自身的实际情况或在保险规划师的指导下进行调整。

5. 调整结构，合理预期收益

白领家庭进行投资理财，应先搞清自身的风险承受能力。在进行投资之前，必须进行风险偏好测试，根据测试结果明确自己的投资风格和特点，选择合适的产品和投资金额。金融危机后，全球经济均出现不同程度下滑，理财市场不景气。当前形势下，白领投资理财应适当降低自己的投资预期，调整投资组合的风险水平，降低高风险投资品种的持有比例，适当加大固定收益类产品如国债、债券型基金等的投资比例。另外，需要树立正确的理财理念，做一个长期的投资者而不是一个短期投机者。

6. 多充电，为“开源”做准备

随着金融危机向实体经济的蔓延，我国的就业形势也受到了很大的影响。大批企业裁员、减薪甚至倒闭，一方面是企业所提供的工作岗位在不断减少，另一方面却是越来越多的毕业生涌向就业市场。这次金融危机的到来可能打消了很多白领寻求更好工作机会的念头，专家提醒，与其担心自己不能找到一份待遇更好的工作，不如静下心来好好学习，趁此机会多多“充电”，为“开源”做准备。毕竟，知识是永不“缩水”的财富。

7. 提前还贷细思量

金融危机爆发以来，中央为刺激内需，达到保增长的目标，已进行了五次降息，五年以上贷款利率降至5.94%，五年以上公积金贷款利率降至3.87%。面对如此大幅度的降息，不少白领考虑是否应该提前还贷。专家提醒，购房者是否提前还贷，应根据自身财务状况、未来家庭收支情况及理财需求而定。如果由于金融危机导致你收入中断，需要资金维持你以后的生活支出，那么就先不要提前还贷。如果你有大量的富余资金，提前还贷不影响目前生活状态，那么在目前利率下降的情况下，不妨提前还贷以节省利息支出。

提前还贷固然可以节省利息支出，但如果还贷期限已经超过一半，这时月还款额中的本金大于利息，如果此时购房者再提前还贷，省息的意义就不大了。另外，各大权威机构预测2009年还有降息空间，如果你资金不是很富裕，没必要急于提前还贷。具体情况，还需白领根据自身情况细细思量。

以上几点，虽不能百分百保证白领家庭不受金融危机的影响，但可以有效防范金融危机进一步恶化为家庭财务危机。“路漫漫其修远兮”，金融危机的影响可能会延续2~3年，只要白领既能及时发现家庭财务隐患并及时调整资产配置，又能不断提升自身知识水平，做到“内外兼修”，危机未尝不能转化为理财的良机。

第三章　老百姓家庭理财的几大基本功

确定理财目标

不论理财者有哪种投资目标，他们都会以自身条件为依据，确定一个具体的理财目标，以便在风险既定的条件下使收益达到最大限度，或者在收益既定的前提下使风险降至最低。由于市场情况异常复杂，理财者的自身条件各异。为此，理财者通常会选择一种将投资分散以减少风险、增加收益的证券投资组合来实现自己的目标。

由于每个人的背景和情况有很大的不同，每个人的致富的目标和计划也是不同的。但是，无论如何，目标必须是长期的、具体的和远大的。要有总体目标，也要有分期目标，以便分步实施。制定目标的首要问题是标准有多高，如果指标太高，长远来看，它会打击投资人的信心，甚至导致最终失败。应该说这样的计划设计和目标的确立，都是根据个人的情况而定，越切入个人的实际，其实施的可行性就会越高。

成功的理财目标一般具有以下几个共性：

(1) 最好的理财计划是简单的，简单的计划容易实施。这对开始投资的新手来说很重要，简单的计划还比较容易坚持。

(2) 最好的理财计划是能有针对性地满足你自身的目标，就是说它能充分满足个人理财的需要。

(3) 最好的理财计划是具体的，比如，“节省每笔薪水的10%”比“存储我每周能省下来的”更好。

设定财富计划表，为“财”做个长远规划

通常情况下，如果没有事先想好的计划，人们的行为会显得杂乱无章。没有一个全局的规划，根本无法作出最明智的选择和决定。此时，一张计划表的作用远远大于它作为纸张的作用。它代表了你的方向，你的目标，甚至是你一生的财富。为了对自己的人生负责，你应对金钱的运用进行思考并作出计划。

一张计划表能为你带来什么？

（1）一个明确的奋斗方向。

（2）一个清晰的财富增值的过程。

（3）各种能够让你实现财富计划的措施、方法。

（4）每次看到这个计划时，产生的不断要求成功的心理暗示。

它能让你心潮澎湃，让你一直充满动力，一直朝着目标不断努力奋斗！它实际上也在无声中改变了你的一生。可见，它的价值，绝对要比你想象中的大得多！

为了能让你更好地设定自己的财富计划表，下面就为你提供一个关于其内容的模板。

计划表包括哪些内容？

（1）有理财的总目标（如要成为拥有多少资产的富翁）。

（2）将理财分为多个阶段。在各个阶段设一个中级理财目标。

（3）落实到最基础的目标。将各个阶段再仔细划分，一直落实到每天要达到一个怎样的低级理财目标。

（4）规划好每个阶段如何实现。例如都通过什么方式、途径来实现这些目标。

（5）考虑意外事件。如果遇到各种意外情况，计划应当如何调整，或者如何应对。

除了上面这些，能否制订成功的计划表还有一个关键性的因素，就是要“量体裁衣”，让它适合自己。每个人的人生经历不同，个人精力不同，因此各自设立的理财目标、阶段以及各种理财途径等都不同。你要仔细考虑，想好自己各个方面的情况。

如：所处的人生阶段是哪一阶段？——刚起步？新婚？中年？老年？

家庭情况如何？——成员几个？收支情况如何？身体如何？有无重病或者

伤残？

自己的时间、精力如何？——是否有精力管理各项投资？

理财的最终目的和目标是什么？——为了生活更充足？为了满足自己的致富梦想？想成为百万富翁、千万富翁或者亿万富翁？

理财的途径和方法是什么？——投资股市、基金，还是交给代理人管理？

……

制订一份合适的理财计划是你对财产负责的表现。总之，想要修筑自己的财富城堡，这样的一份计划是必不可少的。

建立你的家庭账簿

花钱的时候糊里糊涂、大手大脚，待清醒过来却为时已晚，这是很多人的消费通病。在以往经济形势好时，这也许并不算什么大问题，但面对严峻的金融危机，我们需要了解每一分钱的来龙去脉，以平稳度过经济寒冬。所以，从现在开始就赶快准备一个账本，记下你生活中的每一笔开支。这个方法看似简单，实则非常有效。平时居家过日子，进进出出的开支非常零星。一日三餐、交通、娱乐等，看上去好像很固定，但总会有一些额外支出，月底时吓你一跳，不仅仅大大超出预算，还得思前想后不知道钱花到哪儿了。

记账很重要，知道如何记账就更重要了。

记账贵在坚持，要清楚记录钱的来去。从平日养成的记账习惯，可清楚了解每一项目的花费及需要是否得到确切满足。

一般人最常采用的记账方式是用流水账的方式记录，按照时间、花费、项目逐一登记。若要采用较科学的方式，除了须忠实记录每一笔消费外，更要记录采取何种付款方式，如刷卡、付现或是借贷。

要特别注意记好钱的支出。资金的去处分成两种，一种是经常性方面，包含日常生活的花费，记为费用项目；另一种是资产性方面，记为资产项目。资产提供未来长期性服务，例如，花钱买一台冰箱，现金与冰箱同属资产项目，一减一增，如果冰箱寿命五年，它将提供中长期服务；若购买房地产，同样带来生活上的舒适与长期服务。

要搜集整理好各种记账凭证。如果说记账是理财的第一步，那么集中凭证单据一定是记账的首要工作，平常消费应养成索取发票习惯。平日在收集的发票上，清楚记下消费时间、金额、品名等项目，如果没有标识品名的单据最好马上加注。

此外，银行扣缴单据、捐款、借贷收据、刷卡签单及存、提款单据等，都要一一保存，最好放置固定地点。凭证收集全后，按消费性质分成食、衣、住、行、育、乐六大类，每一项目按日期顺序排列，以方便日后的统计。

毋庸讳言，做好家庭收支预算是你、我家庭幸福的基本条件之一。

知识链接

记账小技巧

无法养成记账习惯，除了动力薄弱，另一个原因是记账太琐碎，好像不值得为了记录金钱支出下这么多工夫。事实上有一些记账小技巧，可以协助持续记账习惯。

首先是概略记录法。日常生活点点滴滴的花费相当琐碎，能够逐项记载当然最好，不过如果纯粹因为这个因素而放弃记账的人，可以使用仅记录大略支出的方式代替。例如，每天三餐的费用加起来为30元，那么，一个月的伙食费可记录为900元（$30\times30=900$）。其他项目也可比照这种做法办理，例如房租水电费、电话费、购衣物费等，简化记账方式、记录重点，就容易变成习惯维持下去。

其次还有支出检讨法。仅是流水似的记录每日的消费还不够，更重要的是，要从这些枯燥的数据中分析出省钱的技巧。

检讨包括两部分：就收入方面来看，想想有没有其他“开源”的可能性；就支出方面来看，检视每笔花费是否必要与合理。

详细支出检讨后，如果心有余力，建议开始学习编订预算。在每个月月初或发薪当日，拟定当月可运用的预算，接着即可在预算范围内汇总支出与投资金额，有节制地运用金钱。此外，也建议在每年年底，将当年度收入与支出加总，确实了解自己一年来的资产与负债情况，以作为下一年度持续在经济战场上保持优势的扎实基础。

记账绝对是理财的一个良好习惯。只要掌握了记账技巧，以轻松的心情看待记账与理财，你一定能享受到身为金钱主人的惬意感。

选择合适的理财品种和投资组合

为了能使自己的财产真正地实现保值和增值，你必须拥有合适的理财组合，也就是要选择合适的理财品种和投资组合。

理财品种主要有股票、基金、债券、房产、储蓄、保险等。每个人可以根据个人财产情况的不同，以及个人性格爱好的不同来选择合适自己的理财品种。

而投资组合是指在你选择了自己的理财品种后，每个理财品种在整体中的比例是如何分配的。各个品种因每个人的选择不同而占不同的比例。

从理财者的心态来说，谁都想一次就选对自己的理财组合。但是，理财并不是一个可以用统一模式来进行的行为，它是因人而异的。你所选择的理财组合，在尽可能发挥其最大作用的同时，不要影响你的工作和生活。

该如何选择理财品种和投资组合呢？

对此，并不可能给出一个万能公式，但是仍可以根据人生的不同阶段来进行大致的划分。对于大多数人来说，有几种最基本的理财品种是要选择的——股票、基金、债券、储蓄、保险，其他的理财品种则可以根据资产的盈余和个人喜好再做调整。此处，就用这些品种来进行讲解，以期能为众多读者提供正确的引导。

人生的不同阶段的理财品种和投资组合

1. 人生成长期（20~30 岁）

一般是人生精力充沛的时候，理财者刚参加工作，收入不高，但没有财务和家庭负担，基本上是无忧一身轻。因此，首先是储蓄，在积累几年后，再考虑其他。

等你有了一定资本，即可选择风险大、报酬高的投资组合，即股票、基金等风险产品占投资组合的 40%~60%，再加 20%左右的债券，剩下为储蓄和保险。

2. 人生发展期（30~40 岁）

此时的理财者多已结婚，且收入水平稳健上升，资产逐渐增多，相对生活比较宽裕。但由于家庭责任存在，选择的投资组合要略微保守一点。所以股票、基金等风险产品的比例可调整到占投资组合的 30%~50%，再加 25%左右的债券，剩下为储蓄和保险。

3. 人生成熟期（40~50 岁）

基本上，此时的理财者收入已稳定，人生状态达到顶峰，财富已经积累不少，但积累速度减慢。这时，选择的投资组合就要偏保守一些了，保险和债券的比例要加大，两者大约要占组合的 50%，而股票要降到 25%~35%，剩余 15%左右为储蓄。

4. 人生衰退期（50~60 岁）

理财者已步入事业的衰退期。如果 60 岁退休，此时的理财者即将面临事业的终结，必须为退休后做好打算。选择的投资组合必须要保持稳定，减少风险，以享受一个衣食无忧的晚年。组合中，风险投资的比例要降到 20%以下，甚至一点儿都不买。因为，股票和基金这样风险较大的产品已经不是你的心脏所能承受得了的。而债券相对来说比较稳定，可以将其调整到 40%~50%，人身保险也要适时提高，大约在 30%，毕竟年老后身体很容易出现问题，剩余的是储蓄。

通过以上几个人生阶段的展示，你一生所要进行的理财行为基本上都呈于纸上。不知你有何感想，是否已经对号入座，找到了自己的位置，应当选择的理财组合了？

第四章　家庭理财之招外招

——家庭理财须知

让每一分钱物尽其值

在家庭资产管理中，“资产配置”是个非常重要的关键词。资产配置是指投资者如何在各类金融投资工具中分配自己的投资金额。要构建一个长期投资组合，资产配置往往是影响业绩和风险的最重要因素之一。大量研究表明，中长期投资组合中超过 90%以上的组合收益率和风险（波动性）来自于资产配置。资产配置的好坏，很大程度上决定了投资组合的收益和风险高低。

对于普通人而言，不一定非要掌握专业而复杂的金融模型进行资产配置。要先对自己的财务状况、投资目标、动机、周期、流动性需求、风险偏好等方面作一个综合评估。

这里有一个简单的法则叫做“100 法则”。按照投资“100 法则”，风险投资品种比例占全部存款的（100－年龄）%。也就是说，100 减去年龄，就是应该投资于股票基金等风险较高基金的比例，其余部分可投资风险低的稳健型品种。市场不景气时，可适当增加稳健型品种比例。

比如，30~40 岁的投资者，资产的 60%~70%可用于购买风险较高的股票型基金，剩余的 25%可购买一些货币、债券等较为稳健的基金。

“国外一项研究表明，资产配置决定了约 90%的投资收益，是平衡投资组合风险与收益的有效途径之一。”考虑到未来全球经济发展的不确定性以及国内宏观经济激励措施的执行情况和经济情况以及金融市场的变化，比如，通货膨胀率的高低、利率的升降、经济周期等，对投资组合中不同类型投资品种的影响不同。投资者在今后的投资选择中要更加注意资产配置的合理性，做到股票、债券等资产的适度搭配，不仅可以控制投资回报的下行风险，还可以分享到可持续的稳健回报。

国外近年来流行的生命周期配置型基金也是个人投资者的一个新选择。这种产品考虑到投资者在人生的各个阶段目标不同（如求学、结婚、孩子抚养教育、退休养老等），对资金的需求和风险承受能力不同，每5年或10年调整资产配置比例，随年龄增长逐渐降低股票部分比例，从一个偏股型基金逐渐转变为偏债型基金乃至债券型基金，逐步增加组合的流动性和安全性。

在人的一生中，在不同的阶段，由于所扮演的角色、相应所承担的责任以及所面对的风险各不相同，因此，在人生的不同阶段应以不同的、各具特色的保障规划来应对。

一般来说，以所承担责任的经济责任额为重要的依据来确定保障结构及额度，费用支出以收入的10%~15%为参考，建立个人及家庭风险保障体系。

别把鸡蛋放在一个篮子里

如果你有100元总资产，让你抛硬币，正面你赢，否则你输。如果你赢则可以获得500%的收益，总资产变为600元；输了你则损失100%，总资产为0。那么你玩不玩这个游戏呢？表面看来，这个游戏的期望收益率为250%，总资产的期望值是350元，远远大于你现在的100元。但对于一个风险中性者来说，甚至对于风险规避者来说，该不该玩这个游戏却远远不是我们所能看到的这些理论。对于投资者来说，这个游戏显然是不能玩的，因为一旦你输了，你将一无所有，再也没有资本参加游戏，可以说是永无翻身的机会。如果我们改变一下游戏规则，让1个硬币变成10个硬币，对每个硬币运用相同的规则，并且你把100元分成10等份投放在每个硬币上。这个时候，你是否可以玩这个游戏了呢？也许可以了。因为在上一个游戏中，你有50%的概率变得一无所有。而在这个游戏中只有1/‰左右的概率变得一无所有，只有2%左右的概率输钱。你变得一无所有的概率减少了，而你仍然有98%左右的获胜把握。这是分散投资的必要性。

以股票和现金两种资产为例，现金资产往往利息有限，但是本金安全；股票则有涨有跌，可能赚得多也可能亏得惨。因此，当你在股票投资上赚了钱，应该将部分赢利落袋为安。有些投资者采用了一种简单的分散投资策略，那就是一旦其股票投资翻倍，就立即将一半纸面财富换成现金，而将另外一半留在股市投机。现代投资组合理论指出，投资于多种不完全正相关的风险资产，可

以降低投资组合的总体风险。国内投资者拿出一部分资产投资海外市场来对冲完全投资于境内的风险是一种方法。发达国家在新兴市场大量投资，就是希望通过分散风险获得较高回报，即便新兴市场的风险仍然较高。通俗地讲，就是投资者“不要把鸡蛋放在同一个篮子里”，以此来规避投资活动中的风险。

在我们的家庭理财生活中，分散投资是必需的。一方面，我们没有能力通晓所有知识，也没有精力全面了解每一种股票的行情和获利情况；另一方面，我们也没有把握百战百胜，没有那么多财富来供我们应对风险。因此，必须将资金进行分散投资，这样才能在获利的同时有效地规避风险，让我们的理财真正发挥出效益来。

先图保值，后求增值

著名投资家巴菲特每年的复合收益率为25%，当人们问他的秘诀时，他说：第一条，先保住本钱；第二条，先保住本钱；第三条，参考第一、二条。无数成功人物的经历告诉我们，赚钱固然重要，保住本钱则更为重要。许多人都抱着赚大钱的梦想，但不学习如何挣钱、管钱和守钱的方法，这些梦想最终都是黄粱一梦。

年轻的时候并不太富裕的人，随着年龄的增长，其思想大概可以演化为两种：第一种就是由于年轻的时候什么都没有，所以想拥有的更多，注重高回报率的投资者大多属于此类；另一种就是由于拥有的太少，于是就想保住现在所拥有的东西，重视稳定性的投资者大多属于这种类型。

渴望成为富人的人大体上都比较重视回报率，不过，富人则是在稳定性的基础上求收益。

投资房地产获利几十亿韩元的韩国人池荣俊说：“如果非要我在稳定性和回报率当中选其一的话，那我当然会选择稳定性。没有赚到钱尚不至于把人逼上绝路，如果连投资的本钱都丢了，就只有死路一条。”

富人也好，普通人也好，在炒股或者炒房地产之前，道听途说或者从书本上学到的知识都差不多。不过，富人们在学习如何保住投资本钱上，却比普通人要努力得多。因此，富人熟悉投资秘诀，在培养自己准确选择高投资回报对象、创出高收益的眼光之前，首先培养的是管理风险的能力。一般人在选择投资对象时，是将许多投资对象放在一起加以比较，从而选择自认为回报率高的投资对象，而不管其伴随的风险怎样。

池先生说："我周围的人一味羡慕我赚了几十亿韩元，追着问我投资的秘诀何在，等真正见面谈起来的时候，你就会发现他们的思考方式是'二律背反式'的。举例来说，当他们听到我用借来的钱去投资的方法时，全身都颤抖起来，问：'那会不会太危险了？'相反，当我谈到如何管理投资中的风险、追求稳定的收益时，他们却又是一副漫不经心的模样。该舒展身体的时候，他们却把身体蜷缩起来；该蜷缩身体的时候，他们反倒把身体伸展开。由于钱是我们看得见、摸得着的东西，因而对其鞠而躬之；相反，由于风险看不见、摸不着，所以很容易被人忽视，这样一来我就无话可说了。最后，他们所能做的就是什么都不做，只待在家里指望能从天上掉下馅饼来。也就是说，他们为成为富豪所做的努力，仅仅限于愉快地购买彩票，将所有的可能性交给'运气'，然后整天牢骚满腹地说：'别再说那种高深的道理了，到底怎样才能赚到数十亿韩元呢？'"

许多媒体为了吸引读者的眼球而制造出来的"在短时间内能将本钱翻几倍"的投资故事，让读者看得心神荡漾。但大家静下心来想一想，即便在市场经济高度发展的韩国，又有哪位投资者能通过炒股取得与沃伦·巴菲特并驾齐驱的收益呢？即便是沃伦·巴菲特，他的平均投资回报率也只有26.5%。沃伦·巴菲特纵横股市40年，年回报率达到100%的好运却一次都未碰到过。

你是不是感觉很失望呢？那再仔细品味一下这句话："沃伦·巴菲特纵横股市40年，却一次都未赔过本。"

富人将这一点奉为投资真理。在沃伦·巴菲特的投资秘诀中，富人着眼于"一次都未赔过本"，而一般人只盯着"他是一个赚了数百亿美元的超级大富豪"，这就是一般人和富人在投资价值观上的差异。

现金是维持生活保障的最后一道防线，因为现金具有货币性和通用性，既可以作为支付工具，也可以自由流通，日常生活的大部分需求都必须以现金交易。此外，在股市投资中，当市场暴跌出现抄底机会时，现金是必不可少的"弹药"。因此，保有一定的现金以维持生活需求以及投资的流动性，是现金管理的第一步，现金管理应以便利和安全为先，而银行的活储存款是最常见的方式。

正处于降息周期时，投资者可适当延长储蓄期限。除了采用稳健的投资策略外，由于经济低迷时期的工资性收入和财产性收入都难有起色，因此还应该尽量控制消费。

检讨“漏财”的坏习惯

日常生活中，理财不当可能会变成“漏财”。把钱存银行真的会稳定增值的吗？等有了钱再开始理财来得及吗？在一个经济社会，“你不理财，财不理你”已成为共识。但在具体操作层面上，许多人却缺乏正确的观念，反而极易陷入种种误区而不自觉。因此，认识日常投资理财的误区，对照自己的理财习惯加以检讨，无疑对我们正确地投资理财有积极的意义。

1. 过于保守会减弱投资力度

传统的家庭都喜欢储蓄，几乎大部分资金都用于定期存款和活期存款。仔细观察，生活中这样的人还为数不少。存钱确实可以得到利息收入，也算得上一种“投资”。但是别忘了，目前利率水平较低，实际所获不多，算上通货膨胀，存钱基本上无利可图，甚至导致资金“缩水”。因而这种“投资”最不划算，当我们拥有了一定财富后，绝不应该死守着它，而应该充分利用其再生能力，去获取更丰厚的收益。

2. 有了钱再理财

“几乎没什么储蓄，还理什么财呢?”这是很多都市白领的想法。实际上，理财是贯穿一个人一生的问题，不少理财专家认为，理财越早越好。只有亲身体验，才能转化为真实的理财经验。另外，还有不少投资者幻想着有一种“万能理财法”，而这一方法，实际上就是进行合理的资产配置。目前不少银行、基金公司推出“基金组合”投资，其核心也是一种资产配置。

3. 盲目轻信他人

投资理财最重要的就是独立思考、有自己的主张，不要盲目轻信他人。这里所说的“轻信”就是不假思索地相信，无论别人的意见正确与否，都不经过思考，一味相信。事实上，在做某项投资决策之前，集思广益，广泛地听取和采纳各方面的意见非常重要，但他人的意见只能作为参考，绝不能左右自己的判断。

知识链接

如何按比例理财

不要等有了钱再理财，那么对于手头持有不少闲钱的市民来说，究竟该如何按比例理财？

[理财师建议]

A. 风险资产投资比例 =（100 – 年龄）%。这是个人理财领域较通用的简单计算公式，用于测算个人投资股票、基金等风险资产的合适比例。如年龄为 30 岁，自由资产有 10 万元，可将其中的 70%即 7 万元用于投资股票、基金等。同时，这一比例也可根据个人风险承受能力和风险偏好，进行 10%~20%的调整。

B. 应急资金=3~6 个月的支出之和。不管家庭或个人，除了投资外都应预留一定的应急资金以备不时之需。一般而言，如果有固定收入的人群，可预留下 3 个月的月支出的量；如果是收入不稳定的人，则需留下半年支出的资金。

C. 除去 A、B 项的资金后，剩余部分用于储蓄或购买国债。对于以上按比例理财方法，投资者应根据个人实际情况，进行适当调整，如未来还有子女的教育问题，则须减少风险资产的投资比例。

第二篇

☞ 财富生活篇

第五章　储蓄，理财基本课

养成习惯，开始储蓄

储蓄宜早不宜迟，越早储蓄，你也就会越早得到积累的财产，越早拥有积蓄展开投资的经费。不要再相信那句“车到山前必有路”的名言了，侥幸的态度，带给你的只是得过且过的平庸生活。所以，女性朋友们，请马上开始储蓄吧！

时间是最好的见证，越是年轻的人，越是能存下更多的资本！理财初期，你的钱肯定很少，必须要克制自己，先存钱，才能理钱。尽管这一过程可能比较枯燥甚至有点漫长艰辛，但是只要你能养成储蓄的习惯，一切都是值得的。

怎样才能养成储蓄的习惯？

1. 积攒零钱

很多人从孩子开始，就有很多零钱，但是却不会想到要储蓄，总是把这件事延迟延迟……结果发现自己没钱可存了。所以一定要不断提醒自己平时把钱存起来。为此，你可以给自己买一个小储蓄罐。一有零钱，就立刻喂到它的肚子里，用不了一两个月，它的肚子可能就被胀得鼓鼓的了。

2. 银行储蓄

不管你采取哪种储蓄模式，你一定要鼓励自己在干其他的事情之前，先将一部分钱付给自己——把钱存到银行里。有人建议可以强迫储蓄，就是一拿到薪水就先抽出25%存起来。长期下来，就可以发挥很好的效果。当然，方式可以不加限定，但你务必要在规定的日子里把钱存到银行，以形成储蓄的习惯。

3. 为储蓄设定目标

如果你要存钱做什么事情，建议你写到纸上，并表明字希望实现的日期。然后把它放到易看到的地方，使自己能时时看到目标，起到提醒的作用。

4. 不时回顾

不时地看到自己银行储蓄在一点点增加，体会数字逐渐变多的喜悦。时间久了，你便会感受到金钱得来不易。这些钱都是自己独立挣来的，一定要珍惜，不能随意地支配。

如何最大限度地获取存款利息

虽说现在是微利时代，钱存银行，利乎其微，还要扣利息税什么的。不过相比较现在的投资渠道，储蓄也不失为一种稳妥的理财方式，钱闲着也是闲着，先存着吧。

怎样存着才能获取高利息，又不失流动性，适应国家对利率的调整呢？不妨采用“阶梯式储蓄理财法”。

小李手头有50000元，打算都存成定期获得利息，但是她又害怕这期间会有什么突发事件让她被迫中止存款，那样自己将会损失很多的利息。于是，本着保险起见，小李将这50000元分成了五份，并分别以存期一年、存期两年、存期三年、存期四年、存期五年为期限存入银行。一年后，小李又将其中到期的10000元转存了五年期的定期存款，两年后，小李又将另一个到期存款转存，并也以五年期的定期存入银行，以此类推，五年后，小李的所有账户都将变成五年期的定期存款，到期时间也都相差一年。这样，一旦小李急需用钱，就可以取出距离到期日期最近的一张存折，将利息损失降至最低。

这种储蓄策略就叫做阶梯式储蓄，它适合于保守型的投资者，是一种风险小、利益损失较低的储蓄投资方式。

举个例子，比如手中有50000元打算存定期，不要把“鸡蛋全放在一个篮子里”，可以采用这种方式：每10000元以五个存期存入：一年、二年、三年、四年（一年加三年）、五年来存，一年后，到期的10000元再续存五年，以此类推，每一年到期后再转存五年，最后手中持有的全是五年的定期了。

这种方法对于“月光族”来说尤为有用，既可以安排日常生活的开支又不至于太浪费，同时还能最大限度地获取定期利息。

王小姐，26岁，在北京市朝阳区某中学任教，月收入3500元左右。有银

行存款10000元，每月生活开销1000元，逛街买衣服每月2000元，交通费每月500元，是彻彻底底的“月光一族”。单位提供“三险一金”。父母均有退休金和医疗保障，身体健康。

专家认为，像王小姐这样消费欲望特别强的年轻人，要想摆脱“月光女神”的“光环”，就要尽量压缩不必要的开支，例如：交际应酬、购买奢侈品。建议王小姐使用记账的理财方法，坚持一个月，就会逐渐养成不乱花钱的好习惯。

对于王小姐来说，可考虑阶梯式组合储蓄法。在前3个月时，根据自身情况每个月拿出收入的30%进行理财。理财的前提是有财可理，首先要“节流”攒钱。最开始可将900元存3个月定期，从第4个月开始，每个月便有一个存款是到期的。如果不提取，银行可自动将其改为6个月、1年或者2年的定存；之后在第4个月到第6个月，每月再存入一定资金作为6个月的定存。这样“阶梯式”操作，不仅保证了每个月都有一个账户到期，而且自由提取的数目会不断增长。

如何让每一笔闲钱都生息

存钱并不是将钱拿到银行存定期那么简单，运用一些小技巧，可实现收益最大化。

大部分市民习惯将每月的节余积攒到较大数额再存定期，其实闲钱放在活期账户里利率很低，积攒过程中无形损失了一笔收入，不妨利用“十二存单法”，让每一笔闲钱都生息。操作上，可将每月节余存一年定期，这样一年下来，就会有12笔一年期的定期存款。从第二年起，每个月都会有一张存单到期，既可应付急用，又不会损失存款利息。另外还可以续存，同时将第二年每月要存的钱添加到当月到期的存单中，继续滚动存款。这样，如果每月节余1000元，一年攒下12000元，活期收益仅86.4元，按“12存单法”操作，按一年期利率3.6%，可得利息432元。

小郭和老公今年都刚过30岁，每人每个月都有1000多元的工资收入。以前，觉得挣的钱少，不值得理财。后来两家老人经常生病住院，小郭夫妻俩为了老人花了不少钱。但是，在这种情况下，夫妻俩还是买了房子，这多亏小郭充分利用了“十二存单法”。

小郭认为，除了必要的开支之外，剩余的钱对于工薪家庭来说放在银行里是最有保障的。她将这部分钱分作两部分，25%存为活期以备不时之需，75%存成定期，而且是存一年的定期。

对于这样存钱，小郭有自己的想法。第一，一年期的定期与零存整取相比起来利息要高一些。第二，一旦急需用钱，动用零存整取就意味着前功尽弃，而每张的定期存单你都可以根据你需要用钱的数目及存单到期的先后顺序去考虑动用几张及动用哪几张，这样就不会使其他的定期存款受影响。第三，到期时，零存整取意味着相对的一大笔钱到期，这时会很容易让人产生购物的冲动，定期一年的存单，因为每笔的数额都不大，这种冲动就小多了。第四，零存整取是一次性到期，除了那个月有点惊喜，其他时间应该就没有什么感觉了吧。定期的存单可不一样了，到了第二年每个月都有存单到期，每个月都有惊喜。然后，从第二年起，小郭就每个月再把当月的75%和当月到期的存单一起再存成一年的定期。

除了固定的工资收入之外，过年过节的分红、奖金一类的数额较大的收入，更要计划好如何去存储。小郭的做法是不要存成一张定期存单，而是分成若干张，例如：1万元存一年，不如分成4000元、3000元、2000元、1000元各一张。为什么？当然也是为了应付不时之需了，需要1000元时，就不要动其他的，需用5000元时就动用4000元加1000元（或3000元加2000元），总之动用的存单越少越好。

听完小郭的故事，理财师认为，小郭理财成功主要是因为合理地规划了家庭开支。她的存款方式合理。其实，小郭的存款方式就是“十二存单法”，它在实际生活中会收到意想不到的效果。

这种储蓄方式很适合年轻家庭，操作起来简单、灵活，既能有效地累积家庭资产，又可以应对家庭财务中可能出现的资金短缺问题。小李和小林也是巧妙利用“十二存单法”的受益者。

小李和小林是一对结婚不到两年的夫妇，两个人每个月的工资合起来有6000块钱左右。以前还没结婚时，两个人花钱大手大脚，到月底基本上没什么节余，所以一直觉得没钱，谈不上理财。但结婚时花了不少钱，而且贷款买了套小房子，每月要还房贷，以后还要准备生孩子，自己还要准备养老费用等，一盘算下来，两人脸都白了：要花钱的地方多的是，不能不开始存钱了！

小两口坐下来仔细算了算，两人的公司福利不错，上下班有班车接送，中

午有免费工作餐，不定时还发点鸡蛋、牛奶、花生油之类的，除去日常生活费用和1000多元的月供，两人每月实际上可以余下2000块钱。但是说起怎么存钱，两人又犯了难：如果把节余的2000块钱放在工资卡里不动，只能算活期利息，不划算，而且说不定什么时候又取出来花掉了。如果把钱存成定期，万一突然有急用临时取出来，利息还是只能按活期算，那也划不来。怎么办呢？小两口经过学习了解后，心中有了周密的打算。

首先，两人决定拿出两个月的节余4000元钱，作为应急准备金，购买了货币型基金，这样收益比活期存款的利息高，赎回也很方便，如果有什么急事要用钱可以及时赎回。然后从第三个月开始，把每月节余的2000元钱都存定期，存款期限设为1年。1年后两人手里就会有12张2000元的定期存单，而且每个月都会有一张存单到期，不需用钱的话，可以将到期的存单自动续存，并将每月要存的2000元添加到当月到期的这张存单中，继续滚动存款。这样两人手里始终有12张存单，并且每个月都有一笔资金可以动用。

小李和小林对这种存钱方式很满意，一来，一年期的定期与零存整取相比起来利息要高不少；二来，若急需用钱，可以根据用钱的数目及存单到期的先后顺序去考虑动用哪几张，这样就不会使其他的定期存款受影响，不像零存整取，一旦要提前支取利息就只能按活期计算了。

如果开通自动转存业务，约定当活期账户资金达到2000元时，银行自动将该笔资金转存为1年期的定期存款，就更能免去了每月跑银行的麻烦。以后，还可以考虑将定存期限适当延长，这样可以提前锁定收益所得，避免因利率下调而带来的利息损失。

如何实现储蓄利益最大化

家庭理财中储蓄获利是最好的一种选择。那么如何实现储蓄利益最大化呢？根据自己的不同情况，可以做出多种选择。

1. 压缩现款

如果你的月工资为1000元，其中500元作为生活费，另外节余500元留作他用，不仅节余的500元应及时存起来生息，就是生活费的500元也应将大部分作为活期储蓄，这会使本来暂时不用的生活费也能生出利息。

2. 尽量不要存活期

存款，一般情况下存期越长，利率越高，所得的利息也就越多。因此，要想在家庭储蓄中获利，你就应该把作为日常生活开支的钱存活期外，节余的都存为定期。

3. 不提前支取定期存款

定期存款提前支取，只按活期利率计算利息，若存单即将到期，又急需用钱，则可拿存单做抵押，贷一笔金额较存单面额小的钱款，以解燃眉之急；如必须提前支取，则可办理部分提前支取，尽量减少利息损失。

4. 存款到期后，要办理续存或转存手续以增加利息

存款到期后应及时支取，有的定期存款到期不取，逾期按活期储蓄利率计付逾期的利息，故要注意存入日期，存款到期就取款或办理转存手续。

5. 组合存储可获双份利息

组合存储是一种存本取息与零存整取相组合的储蓄方法，如你现有一笔钱，可以存入存本取息储蓄户，在一个月后，取出存本取息的第一个月利息，再开设一个零存整取储蓄户，然后将每月的利息存入零存整取储蓄。这样，你不仅得到存本取息储蓄利息，而且利息在存入零存整取储蓄后又获得了利息。

6. 月月存储，充分发挥储蓄的灵活性

月月储蓄说的是12张存单储蓄，如果你每月的固定收入为2500元，可考虑每月拿出1000元用于储蓄，选择一年期限开一张存单，当存足一年后，手中便有12张存单，在第一张存单到期时，取出到期本金与利息，和第二期所存的1000元相加，再存成一年期定期存单；以此类推，你会时时手中有12张存单。一旦急需，可支取到期或近期的存单，减少利息损失，充分发挥储蓄的灵活性。

7. 阶梯存储适合工薪家庭

假如你持有3万元，可分别用1万元开设1~3年期的定期储蓄存单各一份；1年后，你可用到期的1万元，再开设一个3年期的存单，以此类推，3年后你持有的存单则全部为3年期，只是到期的年限不同，依次相差1年。这种储蓄方式可使年度储蓄到期额保持等量平衡，既能应对储蓄利率的调整，又可获取3年期存款的较高利息；这是一种中长期投资，适宜工薪家庭为子女积累教育基金与婚嫁资金等。

8. 四分存储减少不必要的利息损失

若你持有1万元，可分存4张定期存单，每张存额应注意呈梯形状，以适应急需时不同的数额，即将1万元分别存成1000元、2000元、3000元、4000元的4张1年期定期存单。此种存法，假如在一年内需要动用2000元，就只

需支取2000元的存单，可避免需取小数额却不得不动用“大”存单的弊端，减少了不必要的利息损失。

9. 预支利息

存款时留下支用的钱，实际上就是预支的利息。假如有1000元，想存5年期，又想预支利息，到期仍拿1000元的话，你可以根据现行利率计算一下，存多少钱加上5年利息正好为1000元，那么余下的钱就可以立即使用，尽管这比5年后到期再取的利息少一些，但是考虑到物价等因素，也是很经济的一种办法。

知识链接

提高储蓄收益的“小门道”

1. 合理的储种

当前，银行开办了很多储蓄品种，你应当在其中选择不容易受到降息影响或不受影响的品种。如定期储蓄的利率在存期内一般不会变动，只要储户不提前支取，就能保证储户的利益。

2. 适当的存期

存期在储蓄中起着极重要的作用。选择适当的存期就显得十分必要。在经济发展稳定、通货膨胀率较低的情况下，可以选择长期储蓄。因为长期的利率较高，收益相对较大。不过，目前，我国国内的通货膨胀率相对较高，存期最好选择中、短期的，流动性较强，可以及时调整，以避免造成不必要的损失。

3. 其他技巧

(1) 储蓄不宜太集中。存款的金额和期限，不宜太集中。因为急用时，你可能拿不到钱。可以在每个月拿一部分钱来存定期。如此一来，从第一笔存款到期后的每个月，你都将有一笔钱到期。

(2) 搭配合理的储蓄组合。储蓄也可看成一种投资方式，要选择最合理的存款组合。存款应以定期为主，其他为辅，少量活期。因为，相比较而言，定期储蓄的利率要比其他方式都高。

(3) 巧用储蓄中的“复合”利率。所谓银行的“复合”利率，就是指存本取息储蓄和零存整取储蓄结合而形成的利率，其效果接近复合利率。具体就是将现金先以存本取息方式储蓄，等到期后，把利息取出，用它再开一个零存整取的账户。这样两种储蓄都有利息可用。

家庭储蓄有哪些注意事项

家庭储蓄不同于个人储蓄，有更多的事情需要考虑。一般来说，家庭储蓄就注意以下事项：

(1) 在选择存款种类、期限时不能根据自己的意志确定，应根据整个家庭的消费水平以及用款情况确定。

(2) 在解决共同账户或独立账户的问题上，只要意见统一，选择哪一种账户都可以，夫妻也可以两人合开第三个账户，用来支付家庭开销。

(3) 账户的密码最好不用自己或配偶的生日。因为生日通过身份证、户口簿、履历表等就可以被他人知晓，这样就不具有很高的保密性。

(4) 大额现金分开存。很多家庭喜欢把到期日很接近的几张定期储蓄存单等一起到期后，拿到银行进行转存，让自己拥有一张“大”存单。或是拿着大笔的现金，到银行存款时只开一张存单，这样做便于保管，但是在不知不觉之中却损失了利息。

知识链接

存活期好还是定期好

手中有了多余的钱，可一时还没有想好如何消费，那么不妨先到银行把钱存起来，等以后用时再取出来。

存款是银行的第一大业务。银行存款实行存款自愿、取款自由、存款有息、为储户保密的原则。

银行存款有活期和定期之分，作为普通大众的我们，到底是选择活期好还是定期好呢?

我们先来看一下什么是活期存款和定期存款。

所谓活期存款是一种无固定存期，随时可取、随时可存，也没有存取金额限制的一种存款。而定期存款是指储户在存款时约定存期，开户时一次存入或在存期内按期分次存入本金，到期时整笔支取本息或分期、分次支取本金或利息的储蓄方式。包括整存整取、零存整取和存本取息三种方式。

存款时是选择活期还是定期，具体要看你对资金流动性的要求如何。如果你的钱长期不用，可以存定期，而且最好分存为几张等额存单，这样就算有急用，也可以解存部分定期，不至于损失全部利息，而且存期越长，利率越高，肯定要比活期好。反之，如果你的钱很可能随时用到，那还是存活期比较好。

如果定期存款全部提前支取，你的存款只能按照活期的利率计算，与同档次定期存款利率相比，你将损失不少利息收入。因此最好在存款时做好计划，合理分配活期与定期存款，大额定期存款可适当化整为零，这样既不影响使用，也不减少利息收入。

第六章　衣食住行，节省就得靠精明

布置家居如何最省钱

很多人在家居布置实践中发现，在花大笔钱装修完后，再买家具时已捉襟见肘。那么如何巧妙地挑选一些适合自己，而又价格合理的家具，如何运用一些布置技巧从而在有限的预算内，获得最好的成效呢?

1. 化零为整，成批购买

省钱要点：一般来说，单件购买的东西总要比成批购买的贵很多。因此，消费者可以化零为整，相同性质的家具，如橱柜、灯饰等，如能在同一家店中购买，老板多会给予较高的折扣。同样，约上也要买家具的同事朋友一同去选购，量大，折扣相应也会增大。

2. 亲自去挑选家具

现在已有装饰公司推出帮助选购家具的服务。但这样预算难以把握，所以还是在听取设计师的建议基础上自己去选购比较好。另外，听取一些设计师建议在装修时做固定家具的数量越少越好，除非空间十分特别，在市场上买不到那种尺寸的，否则尽量避免价格昂贵而做工很难保证的固定式家具。

3. 在柜类家具后面节省建材

在柜类家具后面可选用较低档的建材。如墙面瓷砖，在放置橱柜的位置可铺设较廉价的瓷砖，在露出来的地方使用材质较好的瓷砖，这样一来可节省许多不必要的开销。

4. 给旧沙发换上新外罩

沙发是家居中的重要家具，一套好沙发往往要 1 万元以上。因此，如果能够更换沙发表皮，以和居室风格协调的，就不必再买一套，好的沙发外罩让一套仍然坚固的沙发看上去和新的一样。

5. 新旧家具巧妙搭配

家具的使用寿命一般较长。在搬家时，如果为了要求焕然一新的感觉就将家具全部更换的话，一次性花费的金额过大。不妨把款式尚可又能符合整体居室风格的家具保留下来，再添购不足的家具。此外，重新油漆等方式也可以让旧家具焕发新面貌。

知识链接

省钱又体面的客厅布置方法

客厅是家人朋友好聚处，欢笑原动力，在布置上自然要花费一番心血！

1. 间接照明取代直接照明

省钱要点：灯光是所有装修工程中，最便宜也是最有效果的。由于主灯照明比较没有层次，所以采用间接照明，中间做天花板，内藏带灯及嵌灯，再搭配立灯及桌灯，整个空间变得很有气氛，也增加家具的质感。地面只用大面积的地毯，壁面则用画装饰，就能充分显现出客厅的气势，钱花得不多，效果倒是不错。

省钱指数：★★

2. 用双人沙发床代替一般沙发

省钱要点：适用没有客房的新居，供父母、朋友探访。平时可做沙发，来客人时可随时变换为床。一物两用的东西当然省钱了，省下了一张床的价格。如果你不喜欢沙发床，买普通沙发的话，可以“三一”、“二一”方式搭配。

省钱指数：★★★

3. 绿色植物与家具搭配布置

省钱要点：既要省钱，就以现成家具为主，包括窗帘及地毯，都是买现成的，地板也用复合木地板来取代实木地板。再运用一些绿色植物来布置，整个客厅就会变得很有生气。

省钱指数：★★★

4. 以鲜艳色彩制造丰富视觉印象

省钱要点：新婚居室的面积可能会较为局促，因此可以利用墙壁、家具等区域的鲜艳的色彩来扩充房间的视觉感受。

省钱指数：★★

5. 利用镜子当壁面

省钱要点：镜子折射的效果，会让视觉空间变大，所以面积小的房子，适合镜子的运用。一般不是把镜子装在墙面，就是装在橱柜门片上。

省钱指数：★★

超市购物有何窍门

现代人工作日益繁忙，超市便成为大众购物极为方便的消费广场，商品应有尽有，能够照顾到家人的日常生活所需。不过，如何在琳琅满目的商品中选择物美价廉又不伤钱包的必需品，可就要精打细算一番了！不少人逛起超市来，这也要，那也要，拿的时候掂不出钱的分量，算起账来往往吓一大跳：哇，怎么会花这么多钱！虽说过了把“购物瘾”，但钱包也空瘪了许多。那么，如何才能防止钱包缩水严重呢?

(1) 进门之前好好计划：进超市前最好先制订一个购物计划，将必买品记下来，粗略算一下价格，带上略多的钞票，然后再进超市购物。

(2) 如果你是一个平时忙于上班的人，尽量将逛街的时间安排在周末。周末虽然人较多，但商家也因此会推出许多酬宾活动，像特价组合或买二送一等优惠。商品打折，有的是快到保存期限了，但也有一部分是单纯的促销。像饼干、糖果等零食，若是家人都喜爱的，在看清楚了保存期限后，就可趁特惠酬宾的机会多买几包，这是比较划算的。

(3) 超市常常举办一些满多少金额就可以抽奖的促销活动。商家刺激的是购物热情，买家在诱惑之下应保持平常心。买该买的东西，抽个奖、拿个小赠品，当然皆大欢喜，但千万不要为了抽奖而盲目购物，否则最后奖没有抽到，还花冤枉钱买了一堆不需要的商品，就得不偿失了。

(4) 别带孩子逛超市：小孩子天性爱吃爱玩。如果带小孩子去超市，往往会增加许多计划外开支。小孩子一进超市，仿佛刘姥姥进了大观园，兴奋得不知东南西北，吃的、喝的、玩的都要买，增加了不少额外开支。

(5) 尽量少往超市跑：最好定期去超市，1 周或半个月去一次。平时把需要购买的家庭必需品及时记下来，然后集中一次购买。逛超市次数越多，花的票子也就越多。

(6) 在超市买完东西以后，要核对发票，以防无谓的支出。核对发票是为了避免收银员将所购物品的数量或价格打错而造成的疏忽。当场核对，发现问题就可以当场解决，省得回家后，再跑一趟，也可避免离开柜台就说不清的事发生。

知识链接

如何做到购物“超值”省

(1) 不去熟人那里买东西：买熟人的商品有许多尴尬之处，一是不便压价，因为熟人已称“看在你我交情上，只收成本价”了；二是商品发生质量问题时不便找熟人“讨个说法”，更不便提出退货、索赔。因此，常有这种情形出现，某顾客正在摊前挑选商品，忽然抬头发现是熟人的货摊，便赶快声明：随便看看，旋即离去。

(2) 不光顾竭力渲染“优惠”之地：过去一见到优惠销售，众人就会产生购买冲动。久而久之，渐渐发觉“大减价”、“大出血”、“大甩卖”、“跳楼价”之类纯属骗人的鬼把戏。绝大多数消费者眼下似乎都已懂得更慎重地对待花样百出的种种“优惠销售”。

(3) 光顾不讲价商店：消费者往往“精”不过商家，各种“天价”、“神仙价”、“直销价”、“赔本价”，真真假假，虚虚实实。在竭尽讨价还价之能事，奋力拉杀下来之后，吃亏的仍是消费者。当商业竞争将不讲价商店推到消费者面前的时候，立即受到花钱最讲实惠的明智的工薪族们的青睐。

(4) 提前购买节日物品：每逢重大节日前，我们都要提前购买一些节日所需物品，并储备起来，以防节日时涨价。安妮特说，太明显了，圣诞节时买东西比平时贵很多。

(5) 错季购物：冬季买夏季用品，夏季买冬季用品，商品处在滞销淡季，价格能够便宜许多。

(6) 到大商场看，去小商店买：这种看似奇怪的购物行为时下已不为少见。改革开放以来，无论商店大小，进货渠道基本相同，商品质量也基本相当。处在黄金地带的大商场不仅经营场地租金昂贵，且因豪华气派的装修，各处现代化的服务设施增大了成本费用，相同商品往往价格高于店貌不扬的小商店。而且，小商店普遍服务更周到，挑选商品更方便，购物程序也没那么繁琐。

购物，你会选择团购方式吗

团购是团体采购的简称，也叫做集体采购，通常是指某些团体通过大批量向供应商购物，以低于市场价格获得产品或服务的采购行为。总体来说，对那些合法经营的商家来说，团购可以使商家节省相关的营销开支，扩大市场占有率；而对个人来说，团购可以节省一笔不小的开支，又省去很多奔波的麻烦，更是求之不得。

1. 买房团购很实惠

首先，根据个人情况选择合适的住房团购方式。住房团购的方式有很多，有单位或银行组织的团购，有亲朋好友或网友们自发组织的团购，还有许多地区的公积金管理中心也可以为公积金贷款者。

其次，把握好住房团购与零售的差价。在一般情况下，普通住宅房团购与零售的差价在200~380元/平方米，沿街商业房团购与零售的差价在500~1000元/平方米，并且团购中介机构要按团购与零售差价的10%~20%收取手续费。

最重要的是要警惕住房团购的“托儿”。有些房产团购网是房产公司的“托儿”，或干脆是房产公司自办的。

2. 团购买汽车，低价又实惠

在这里，我们还是要说一下，团购汽车需要注意的几个方面：

首先，合理选择汽车团购的渠道。汽车团购应当说是团购中最火的一种，不但专业汽车团购公司如雨后春笋般涌现；各大银行也已开始积极以车价优惠、贷款优惠、保险优惠等举措来开拓汽车团购市场；同时，各大汽车经销商也注重向大型企事业单位进行团购营销。对于老人来说，在决定团购汽车之前一定要先了解这一方面的行情，才能够选择到适合自己的团购渠道。

其次，要掌握寻找汽车团购中介的窍门。为了方便购车，当然是在当地或距离较近的城市参加团购比较合适。

3. 旅游项目也可以团购

如果想外出旅游，先联系身边的同事或亲朋好友，自行组团后再与旅行社谈价钱，可以获得一定幅度的优惠，境内游一般9人可以免1人的费用，境外游12人可以免1人费用，这样算就等于享受9折左右的优惠。同时，外出游最容易遇到“强制”购物、住宿用餐标准降低、无故耽误游客时间等问题，由于团购式的自行组团“人多势众”，这些问题就很容易解决，能更好地维护自

身权益。

保护钱包，加入网购一族

在全球经济发展走弱的背景下，咱们的钱包可能缩水了，但生活品质可不能降低，中国人好不容易点燃的购物激情也不能被打消。既要保护我们的钱包，又要保持我们的生活品质。怎么办？去网上购物吧！

网购现在已经被消费者和网友公认为最有效的省钱方式之一，在网上总能找到比市场上价格低的商品，而且很容易就能找到。

在目前的形势下，更多的人倾向于选择具有价格优势的网购，这使得网络购物交易量不断被刷新，国内一些媒体甚至用“井喷”、“全民网购时代”等字眼形容目前网购的火暴程度。

网购为什么会受到大家的推崇？最主要的原因在于：网上的东西不仅种类比任何商店都齐全，而且还能拿到很低的折扣，能淘到很多物美价廉的东西。如果上街购物的话，不仅要搭上更多的时间，还需要花费交通费。这样算下来，除去购物费用，成本在几十元到一百元不等。但是网上购物的话，这些成本就可以完全避免，而且只需点点鼠标，等着快递送上门就可以了。

在实体店要想找到便宜的东西，至少得“货比三家”，非常麻烦；而在网上鼠标一点各种品牌档次的商品就都展现在眼前，轻轻松松就可以“货比三家”；物品报价基本接近实价，免去不少口舌之苦；购买的商品还可以送货上门，堪称懒人购物首选方式；没有任何时间限制，购物网站 24 小时对客户开放，只要登录，就可以随时挑选自己需要的商品，还能认识很多来自五湖四海的朋友，省时又快捷。

据有关资料显示，2007 年我国网购总交易量达 594 亿元，和 2006 年 312 亿元的总成交额相比，增长了 90.4%。业内人士认为，消费者通过网络省钱是电子商务发展的产物，通过网购日益普及，“网上价格低”这种概念已经深入人心。除此之外，网购还可以免去交通、天气等诸多因素的限制，因此受到不少网民的推崇。

如果你要购买书籍（最好是对此书有一定了解的基础上）、光盘、软件，那么选择网上购物就很合适，可以在家轻松享受服务。在卓越、当当等图书网站上，几乎所有的书都打折出售，最低的可以打到 5 折；而在实体书店里，图书是很少打折出售的。

还有一些著名品牌的商品也比较适合网上购买。而像服装等需要消费者亲自体会穿着效果的商品则不太适合在网上购买。还有很多高档消费品，一般是消费者比较慎重的，也不太适合在网上购买，因为这类商品需要多方咨询、比较，而网上购物在这一点上就显得不足了。关于付款，可以教给你一个省钱的好方法。目前在网上购物一般是要收取一定的送货费用的，所以进行网上购物不妨和朋友或同事共同购买，一次送货，这样可以节省很多的配送费，而且大家一起买还可能获得网站提供的优惠。

关于二手商品的买卖，本来网络确实是以快捷免费的特性作为二手商品资讯传递的最佳媒体，只可惜部分网民的道德水准较低，网上二手商品交易中以次充好、滥竽充数的情况时有发生。

如果要通过竞价的方式购买商品，还是先学一学下面几点小经验：

（1）注册时最好不要留家里的电话，怕你被烦死。

（2）在交易前先了解一下卖方的信用度，肯定没有坏处。

（3）如果看中一样东西实在爱不释手，可以直接和卖方用 E-mail 联系，告诉他你的“爱慕之心”和你愿意出的价。

（4）如果卖方的介绍不够详细，一个办法是可以给他发 E-mail，提出问题，另一个办法是在留言簿上留言，卖方一般都会及时回复。

（5）有的网站有“出价代理系统”，只要在竞买时选择“要代理”，并填入自己的最高心理价位，网站就会自动为你出价，免得你因为无暇顾及而错失良机。

别上当，卖场天天都是“最低价”

俗话说，“买的不如卖的精”，皆因卖的有“底”，买的无“数”。在利益的驱使下，商家“把戏”层出不穷，天天打折，天天最低价，其实，这些所谓的折扣都是骗人的幌子。

爱美、爱逛街的女士们都知道，现在商家打折的花样可谓五花八门，层出不穷，没有细心研究过、不明真相的人，还真能被迷惑，要么掏了冤枉钱，要么和商家展开一场不必要的纷争，真是劳民伤财。为了避免这些事情再次发生，还是一起来看看打折的真面目吧。

很多商场经常标出“全场几折起，全市最低价”的牌子，女士们请注意，千万不要小瞧了这个“起”字，这个“起”字可是给了商家很大的活动空间。

有一位姓关的小姐在打着此招牌的商场里看中了一双品牌鞋，去付款时，品牌鞋却不打折。关小姐问："那为什么要写'全场六折起'呢？""是为了造声势，这个也不懂。"收银员嘟囔着。

据知情人士透露：实际上真正打这个折扣的商品不足50%。再说那么多商品，利润各不相同，怎么能一刀切地定在六折呢？其实，各个商场的货都是差不多的，打折的幅度在同一时间段也不会有什么大的变动，且很多大品牌是不参加商场的打折活动的，它们的促销活动都是全市连锁店统一行动。还有很多新品同样不参加活动，真正打六折的，往往都是那些过时、过季的滞销货。

曾经流行过这样一句顺口溜——七八九折不算折，四五六折毛毛雨，一二三折不稀奇。打折就是随意定价的结果，商家一开始就想好了用打折的办法"钓鱼"、"蒙人"。建议女性朋友们在打折面前，最好不要冲动，冷静一下，看看这个东西你是否真的需要。不需要，打再低的折也不应为其所动。

知识链接

商场购物时需要避开的其他圈套

1. 拒绝免费的午餐

小丽在一个手机专卖店买了一款手机，付钱时随赠优惠券一张。优惠券上说了好多优惠活动。比如赠送一张十寸的照片，一张水晶照片，免费三个化妆造型，免费拍照20张。听起来很是诱人。于是，她去了，结果呢？化妆免费，可是粉扑10元一个，假睫毛20元一对；造型免费，能选的衣服比路边小摊的还差，稍好一点的衣服穿一下5元；照片洗出来后，先给你看洗成一寸的小照片，这些小照片你想要的话，每张2块钱。从里面你选想要放大的照片，洗一张20元，如果你只要送的，那些素质很低的小姐们会告诉你，他们业务太忙，你想要的话一个月以后来取。忘了说了，事先还有20元的拍照押金，交的时候说是以后肯定退，结果退的没有几个人。最后，小丽花了200多元但是依然没拿回底片。免费的午餐，不管你信不信，都不要去试，否则，你连哭的地方都没有。

2. 避开返券的圈套

刘女士在一时装商场看到这么一则广告："全部西装买一送一"。她最初以为买一套可以送一套，就花了838元买了一套西装，谁知商家却送给张女士一本小小的通讯录。后来她发现相同的西装在别处才卖588元。

送得越多，更要加倍小心，小心以下几种：其一，礼券的购买受到严格控制。也就是说，没有几个柜台参加这个活动，只要稍加留意就会看到“本柜台不参加买××送××的活动”的不在少数。其二，到了秋装上市的季节，那些夏天的货品时日无多，赶紧处理。这就意味着你在今年也没多少时间穿它了。

爱美又省钱的购衣技巧

茫茫衣海中的迷失、彷徨是每个女人都曾经历的事情，想要自己美丽，又怕钱包消受不起。不过不要紧，只要你够勤奋，真正地认识自己并读懂服装的语言，每个人都会成为最美丽的女人，而且不会让你的钱包日益“消瘦”。

1. 巧算“投资回报率”

一件衣服的“投资回报率”是与其穿着频率高低、时间长短及与其他衣物搭配度的高低成正比的。例如，一套300元的时髦裙子，如果穿过一季就不再流行而不再穿的话，就算每周穿一次，一季共穿了12次，穿一次的成本是25元。而一件1000元的精致裙装可以穿3年，每年穿一季、每季穿12次的话，一共可以穿36次，穿一次的成本不到28元。哪一件衣服真正划算不言自明。

2. 尽量让配件简单化

鞋子、皮包、装饰品这些东西，是永远都买不完的，但是有多少是真正实用的呢？想要美丽又有效地用钱，尽量选择款式简单、可以搭配你大部分衣物的配件。

3. 选择可“速配”的衣服

专卖店精美的橱窗和优雅的店堂都是经过专业人士精心设计的，其目的就是营造出一种特别的气氛，突出服装的动人之处。但是，那些穿在模特身上或者陈列在货架上的漂亮衣服不一定适合你，不要在精致的灯光和导购小姐的游说造成的假象中迷失了自己。为了避免被一时的购物气氛所迷惑，彻底了解自己非常重要，读懂自己的身材、气质、肤色，才不会买回错误的衣服。

4. 避免购买不好洗的衣服

有些衣服样式漂亮，可是穿过之后的清洗及处理方式却非常麻烦，例如必须送去干洗等，无形之中，又要为这件衣服付出多余的代价，那么，还不如买既美丽又方便清洗的衣服来得划算。

知识链接

购衣的技巧和常识

1. 根据肤色选择服装

(1) 面色红润者：适宜茶绿或墨绿色衣服，不适宜正绿色衣服，否则会显得俗气。

(2) 面色偏黄者：适宜蓝色或浅蓝色上装，不适宜品蓝、群青、莲紫色上衣，否则会使面色显得更黄。

(3) 面色不佳者：适宜白色衣服，显得健康，不适宜青灰色、紫红色服饰，否则会显得更憔悴。

(4) 肤色黄白者：适宜粉红、橘红等柔和的暖色调衣服，不适宜绿色和浅灰色服饰，否则会显现出“病容”。

(5) 肤色偏黑者：适宜浅色调、明亮些的衣服，如浅黄、浅粉、月白等色，可衬托出肤色的明亮感。

(6) 皮肤偏粗者：适宜杂色、纹理凸凹性大的织物（如粗呢等），不适宜色彩娇嫩、纹理细密的织物。

2. 根据体形选择服装

(1) 尽量避免任何一种与你的脸形相同的领口。

①如果你是圆脸，应忌圆领口，应选 V 形领、翻领和敞领服装。

②如果是方脸，应选 V 形、勺形或翻领、敞领服装。

③如果是长脸，应选圆领或高领口服装，选马环衫或有帽子的上衣。

(2) 选择可遮盖脖子缺点的服饰。

①短颈者应选敞领、翻领或低口的上衣。

②粗颈者应选中式领、高领或窄而深的领，并戴领巾。

③长颈者选高领口和紧围在脖子上的围巾。

(3) 根据形体条件选择扬长避短的服装。

①大胸者，选敞领和低领口的或宽肩的宽松上衣，降低腰围。

②小胸者，选开细长缝的领口和横条纹的上衣。

③粗腿者，选腰边紧而下边宽松的裙子，上端打褶或直腿的裤子，也可选长到膝盖下的短裤或裙裤。

④短腿者，选一色的衣服，或短上衣、高腰外衣。

旅游省钱有何攻略

对于喜欢出外旅游的你来说，巨额的旅游费用可能让你囊中羞涩，其实，你可以通过一些省钱的攻略，让自己的旅游既有意思，又能省钱。

选择新线可省钱。假日期间，外出旅游的人较多，而且大都喜欢到热线景区去，从而使得这些景区的旅游资源和各类服务因供不应求而价格上涨，如果此时到这些景区去，无疑要增加很多费用。因此，不妨有意识地避开热点景区，选择一些旅游新线去旅游。

事先准备要充分。出外旅游，事先一定要做好充分的准备，如查寻资料、分析路线、分析出行的方式等。由于在许多景点，学生证、记者证、导游证甚至预备役军官证都有半价甚至免票的优惠。因此，如果你有此类证件，要记得带在身上。

跟团出游较划算。在城市里，单枪匹马自助旅行比较适合。但若到边远地区旅行绝对不是最省钱的方式，跟团旅游反倒更划算。

筛选景点少花钱。出门旅游，应该对自己旅游的景区有一定的了解，从中筛选出这个景区最具特色的地方，这样在旅游时可以有的放矢，玩得更尽兴。值得提醒的是，尽管近年来，不少旅游区为了游客和自身的方便都出售通票，但是，大多数旅游者往往不可能将一个旅游区的所有景点都玩个遍。

短途旅游也不错。对于经济条件一般的家庭来说，短途旅游可以作为首选。到周边城市游玩，花费少、行程短，携带东西简单，也是避开高昂花费的好办法。短途旅游除了热门线路之外，一日游一般为百元上下，两日游多为三四百元。而且黄金周期间各旅行社还专门推出了一系列合家欢团、亲子团等线路，价格相对便宜些。

捂紧钱袋少购物。目前旅游购物市场还不规范，不管是旅游局的定点商店，还是零散的摊点，多多少少存在着欺诈游客的现象。要想花钱少、玩得好就得管住自己的口袋。因此，在外地旅游，除了非常有纪念意义的东西外，要

看看自己是不是真的需要、纪念品是否物有所值。

知识链接

旅游省钱小方法

作为一个喜欢出外旅游的你是否也有些跃跃欲试了呢？其实，你完全可以通过一些省钱的方法，让自己的旅游既有意思，又能充分领略省钱的奥妙。

1. 利用网络提前安排好

对于劳累的旅途中人，安静、舒适的住宿休息环境是十分重要的。星级宾馆的住宿条件自然上乘，但要想省钱，就不能—— 一味追“星”，而应从实用的角度考虑，可以在相关的旅游网站搜集网友们推荐的当地人的家庭旅馆的信息，通常这里的家庭旅馆设施跟宾馆差不多，但价格要比宾馆便宜多了，而且当地人做的地道风味的饭菜味道也不错。

2. 出行工具事先选择好

如果出行旅游的时间比较充足，而且不是到较远的地方去非得坐飞机抢时间不可，可以选择坐火车、乘汽车。这样，一来花费少得多；二来可以领略一下路上的风景。

3. 包车更合算

到了旅游地，最好多请几个人包车。一来可以节省很多时间；二来可以节省体力；三来可以省去很多不必要的麻烦，当然徒步的例外。在出发前，可根据网友的推荐，联络当地司机，由于当地司机熟悉情况，这样包车既经济又安全。出外旅游，玩是一个最主要的目的，而且在玩上省钱是大有必要的。我们对自己旅游的景区要有所了解，从中选出最具特色的必去之处。当然，对其中的一些景点也要筛选。景点的门票可以争取团队，这样就又省下了一笔银子。

4. 出游前最好制订计划，做到统筹兼顾

在旅游时应留点时间，去逛逛街，这样既不需要花钱买门票，又能看看景区当地的风土人情。出游前最好制订计划，做到统筹兼顾，每次行程都将就近的主要景点涵盖，以便与以后出游的目标不再重叠，这样能够避免某一景点没有观光到还要单独一游的状况。此外，有些景点是旅行社不去的，有些是还未开发的，这些地方既不用购买门票，也不会人山人海，而且风景不一定亚于那些固定景点。

穷忙族九招省钱大法

在过街天桥上买15块钱一件的T恤，顿顿盒饭解决，一根烟不抽到最后一口坚决不扔掉——孤身在广州打拼了好几年，月收入过8000元的小陆，怎么也想不明白，已经而立之年的自己还在“月光族”的大军中无法突围，最近，更被评选为单位的“年度穷忙新星”。

“毕业的时候只有两千不到的月薪，可是日子过得和现在没啥区别呀，人家都买车买楼了，我连信用卡都没敢申请”，一毕业就考上公务员，几年前转行，因为发现“公务员的钱没外面说的那么多”，于是进了一个网站做编辑，几年下来小陆已是中层管理人员。

每个月房租1600元，父母赡养费1500元，老婆孩子的家用2000元，剩下的钱只够吃饭和抽烟，偶尔和朋友吃饭应酬，用最近网上流行的说法来形容小陆，就是“白领的工资都是白领的”。

和小陆一样拿着好几千元月薪的穷忙族在现实中并不在少数，经济压力让越来越多的年轻人感到焦虑，工作对他们来说变得比以前更重要，因为一旦没了工作，下个月就该为如何过活发愁，他们开始变得谨慎，希望安稳，不轻易辞职，甚至锱铢必较，而这一切，都是穷忙族必须付出的代价。

为什么钱总是留不住呢？要想生活更有品质，穷忙族不妨学学以下九招省钱大法：

1. 建立一个自动储蓄计划

在银行建立一个只存不取的账号，每月定期从你的工资卡上划去一小笔不会影响你日常开销的钱，可能仅仅是一顿饭的钱，或者一次泡吧的费用，但是当你开始这么做的时候，你已经不再是“月光一族”了。

2. 为那些不必要的商品维护一张“我不需要它们”列表

在手机或者随身携带的笔记本上记下你不需要的物品清单，购物的时候坚决不予购买，随着你的清单越来越长，你会发现，即便离开了这些东西，你的生活依旧可以照常继续。

3. 有困难？上网

当你不知道自己需要购买的东西是否在打折促销的时候，可以上购物网站例如淘宝、卓越等，说不定还能淘到比实体店更便宜的货品，偶尔还能获得现金券，留待下次购物使用。

4. 选择一个高利率的网上银行来激励储蓄

钱存到一定量的时候，你已经坚持省钱一段时间，这时候你需要选择一个高利率的银行帮你存钱，无论你是在工作还是在睡觉，你的钱都在银行里为你生出更多的利息，鼓励你继续省钱。

5. 购物省了多少钱，就存多少钱

购物省下来的钱不是用来购更多的物，也不是给你机会胡吃海喝。没有预期的打折或者降价给了你一笔小横财，既然它不在你的消费计划里，请把它存进银行。

6. 冻结信用卡（仅针对消费狂人）

如果你无法压抑自己刷信用卡的欲望，请把信用卡手动销毁，如放进冰箱或者微波炉，让银行从你的工资卡中自动转账还款，否则，你永远无法逃离这个大黑洞。

7. 不要小看零钱

把零钱也存起来，放进储蓄罐里，积少成多，看起来有点老土，但是，这可以帮助你养成不浪费的习惯。况且，积少成多，100 个硬币加在一起就是 1 张百元大钞，恭喜你，又可以存进银行了。

8. 为奢侈品建立一个“等待”时间表

当你非常希望拥有某件奢侈品的时候，请不要立即掏出信用卡，而是等待，一个月或者更长的时间过后，把它从你的等待列表中翻出，看看你是否依旧希望拥有它。也可以建立一个“日薪原则”，例如，你每日的薪水为 100 元，而你希望买一个 2000 元的游戏机，那你需要等待 20 天，等自己努力工作 20 天后，再回头看看是否真的想买它。等待可以让你分辨出哪些是你真的希望拥有的物品，哪些仅仅是一时冲动希望抱回家的物品，想好了再买总比买完后悔去退货来得容易。

9. 存小钱买大件

当你需要换电脑或者其他大件物品的时候，请立即建立一个相关账户，例如“电脑”账户，把平时省下来的所有小钱都存进里面，直到你可以买到为止，在此期间，你依旧在往之前开的储蓄账户里存钱，而这个账户只是帮助你在不影响正常理财计划下能够购买真正需要的大件，当你这样做并且买到了电脑的时候，你会发现自己开始爱惜买回来的电脑，就像一个马拉松，你坚持跑完了全程，电脑是奖品，无论它价值多少，你都将异常爱惜它。

知识链接

如何从大额开销中省钱

工薪阶层要想在购买大件商品时省钱就要做到以下六个不要：

一不要只求价廉。工薪阶层由于收入有限，购物时很注意货比三家，选价格最便宜的。这本来是合情合理的，但现在有一些商家故意误导消费者，把一些低档的甚至已经过时的商品搞一个“特别推出”，如果不懂商品性能而仅仅以价格决定取舍，很容易上当受骗。

二不要求“洋”。我国某些产品确实不如外国产的，但并非所有的产品都如此。比如电器，我国有不少名牌电器早已远销国外，如果一味舍“中”求“洋”，很容易花冤枉钱。

三不要求“全”。许多消费者在购买商品时爱选那些功能全的，以为功能全就是质量好，这是一个误区。须知商品是越“全”越贵，而“全”并不代表“精”。如果你买一台电视，只要画面清晰，音色好就已足够，没必要把那些带什么“画中画”功能的，因为你没什么机会用得上。

四不要求“大”。有些消费者不考虑自己的住房面积和经济能力，买商品一味求大，结果是花大价钱买回的庞然大物根本难以安置，这又是何苦呢。

五不要求“美”。商品是买来用的，不是买来看的，如果只看外表而不注重其性能，很容易买到徒有其表的“绣花枕头”。

六不要求“新”。任何商品在刚上市时都有两个特点，一是价格贵，二是性能不完善，如果为抢“新”而买，会很容易被淘汰，应该先等一等，购买第二代产品才合算。

节税也可以省钱

说起避税，很多人都以为这是违法犯罪的事情。守法的老百姓怎么能去做这种事情呢？其实看待这个问题，也要一分为二。避税简单来说就是通过一定方式减少税收支付。减少税收支付的手段也有多种多样，例如：偷税、漏税、避税、节税等。避税只是其中一类。偷税、漏税，当然是违法的。但是还有一

种方式并没有积极的违法，而是钻法律的漏洞，我们称它为“避税”。

1. 多次申报如何进行避税处理

王某为某单位提供相同的劳务服务，该单位或一季，或半年，或一年一次付给王某劳务报酬。虽然是一次取得，但不能按一次申报缴纳个人所得税。假设该单位年底一次付给王某一年的咨询服务费6万元。那么交税时可能出现的情况有以下两种：

（1）如果王某按一次申报纳税的话，其应纳税所得额为：

应纳税所得额 = 60000 – 60000 × 20% = 48000（元）

属于劳务报酬一次收入奇高，按应纳税额加征五成，其应纳税额为：

应纳税额 = 48000 × 20% ×（1 + 50%）= 14400（元）

（2）如果王某以每个月的平均收入5000元分别申报纳税的，其每月应纳税额和全年应纳税额为：

每月应纳税额 =（5000 – 5000 × 20%）× 20% = 800（元）

全年应纳税额 = 800 × 12 = 9600（元）

根据上述情况分析，按情况（2）纳税可避税4800（14400-9600）元。

个人所得税对纳税义务人取得的劳务报酬所得，稿酬所得，特许权使用费所得，利息、股息、红利所得，财产租赁所得，偶然所得和其他所得七项所得，都是明确应该按次计算征税的。由于扣除费用依据每次应纳税所得额的大小，分别规定了定额和定率两种标准，从维护纳税义务人的合法利益的角度看，准确划分“次”，变得十分重要。

对于只有一次性收入的劳务报酬，以取得该收入为一次。例如，接受客户委托从事设计装潢，完成后取得的收入为一次。属于同一事项连续取得劳务报酬的，以一个月内取得的收入为一次。同一作品再版取得的所得，应视为另一次稿酬所得计征个人所得税。同一作品先在报刊上连载，且再出版；或者先出版，再在报刊上连载的，应视为两次稿酬所得缴税，即连载作为一次，出版作为另一次。财产租赁所得，以一个月内取得的收入为一次。

2. 年底奖金如何进行避税筹划

很多白领都盼望着年底，因为年底会有大笔的年终奖，但是很多人看到大笔奖金的同时，又得将大笔的钱交到了税务机关手里，不免有些心疼。那么怎么合理策划，才能使年终奖不那么大幅度地缩水呢？

举个小例子：小王和小张都在一家公司上班，到了年底发年终奖的时候，小王发了6100元，小张发了5900元。可是小王发现扣除所得税后的奖金后，他的却反而比小张的少了。这是为什么呢？明明开始比小张还要多200元，怎么一交税自己的奖金反而少了呢？让我们来给小王算这笔账：

由于新的个人所得税起征点自2008年3月1日起才执行“由1600元提高到2000元”的政策，小王和小张2007年的年终奖税仍然按照1600元的标准计算。小王和小张的当月月薪都超过了1600元的起征点，所以适用第一种计税方法。小王应缴税额计算方法：6100 ÷ 12 = 508元，处于2级税率，税率为10%，速算扣除数为25，应缴税6100 × 10% − 25 = 585元；小张应缴税额计算方法：5900 ÷ 12 = 492元，处于1级税率，税率为5%，速算扣除数为0，应缴税5900 × 5% − 0 = 295元。由于小王和小张年终奖除以12个月后所属的税率不同，因此造成了小李税后奖金反而比小赵少的情况。如果遇到这种情况，最好能同公司进行协商，就低选择，余下的请公司之后再补。

据了解，目前一般工资、薪金所得按月计征应纳税款，税率为5%~45%。其中，工资收入越高，相应纳税就越多。比如2005年，广州和佛山两地年工薪收入7.2万元以上的纳税人占工薪阶层比重分别为8.68%和1.34%，而缴纳的工薪所得税款比重却分别达到60.9%和46.5%。这样看来，随着工资薪金的提高，合理节税的重要性更加凸显。否则就会出现像小王这样税前工资高、税后反而比别人低的情况。

所以，在这里我们要记住一个合理避税的好方法：由于个人的工资、薪金所得采用超额累进税率征税，工资收入越高，适用的税率也越高，相应纳税就越多。因此年终奖等收入采取“分批领取”的方法，可适当减少缴税额度；而兼职的收入，采取“分次申报”也可合理地避税。

知识链接

避税规定

1. 个人取得的哪些所得可以免纳个人所得税

个人如果想合理避税的话，首先要知道有哪些个人所得是可以免交税的。根据《中华人民共和国个人所得税法》第四条的规定，下列个人所得可以免纳个人所得税：

省级人民政府、国务院部委和中国人民解放军军以上单位，以及外国组织、国际组织颁发的科学、教育、技术、文化、卫生、体育、环境保护等方面的奖金；

国债和国家发行的金融债券利息；

按照国家统一规定发给的补贴、津贴；

福利费、抚恤金、救济金；

保险赔款；

军人的转业费、复员费；

按照国家统一规定发给干部、职工的安家费、退职费、退休工资、离休工资、离休生活补助费；

依照我国有关法律规定应予免税的各国驻华使馆、领事馆的外交代表、领事官员和其他人员的所得；

中国政府参加的国际公约、签订的协议中规定免税的所得；

经国务院财政部门批准免税的所得。

2. 哪些个人所得的收入应纳个人所得税

下列各项个人所得，应纳个人所得税：

工资、薪金所得；

个体工商户的生产、经营所得；

对企事业单位的承包经营、承租经营所得；

劳务报酬所得；

稿酬所得；

特许权使用费所得；

利息、股息、红利所得；

财产租赁所得；

财产转让所得；

偶然所得；

经国务院财政部门确定征税的其他所得。

第七章 这个家，谁当家

不好的“另一半”将增加理财风险

现代社会，无论男女，都开始凭借自己的努力来获得财富，因为大家都开始明白一个道理——你要想生活得富足、快乐，就不能寄希望于其他任何人，哪怕你爱那人爱得刻骨铭心，他也爱你爱得痛彻心扉！

可是，人们有时候又是矛盾的，有很多人在辛苦挣钱的同时还指望着另一半来为自己分担，慢慢就滋生了懒惰和依赖。这样的另一半，对你来说并不好，因为他（她）希望你能承担更多，这说明他（她）并不那么爱你，至少不像爱自己那样爱你，也说明你的财富面临着日益减少的风险。

不好的另一半有哪些表现？

不好的另一半是这样的——

他们可能自己挣不到多少钱，却很能花钱；

他们从来不思考钱的来源，因为有你供应着，也从来不考虑钱的去处，因为钱花了就花了，又不是他们的钱，无关痛痒；

他们喜欢跟你伸手要钱，喜欢在需要钱的时候跟你套近乎；

他们见到钱时的表情要比见到你还兴奋；

他们……

和这样一个妻子或者丈夫生活在一起，不知道你的幸福该寄托在哪里？你的财富还能保持多久？他们无形中为你的财产加大了风险，给你的理财带来了更多不便。他们尽情使用你的钱，却没看到你已经无钱可理。

小丁的丈夫是个很爱冒险的人，而且对钱毫不在乎，这点小丁在结婚前早就知道。不管别人怎么劝，都没有动摇小丁爱他的那份痴心。她想：“他能花钱，可是我会理钱，怕什么，只要两个人在一起，就没什么可担心。”于是两

个人终于结为夫妻。

刚开始，钱都由小丁打理，丈夫收敛了很多。小丁非常高兴，并设计好了一个长远的财富计划，心想："只要按照这个计划，我们以后就不愁吃穿了。"

可没过多久，丈夫就迷上了股票，不计后果地往里面投钱。小丁觉得，平时有些冒险也就算了，若老拿钱做这种冒险的生意，并不安全，且对生活影响太大。固然她有一技之长，收入不菲，丈夫的收入也与她不相上下，但她还是想留些钱为生孩子和积累财富做准备。

不过，丈夫还是一意孤行，总觉得年轻人就应该不怕冒险，不必考虑那么多，他总是信心满满地向小丁保证，一定可以收本得利。

小丁耳根子软，就听了他的，于是把自己管理的钱都给了他。谁想到，他一头扎进股市里就不出来了，而且越投越多，看到有小利就猛投，甚至还背着小丁到外面借钱去炒股！

突然一日，股市崩盘，他们的钱全没了！他们面临着的，不仅仅是损失财产的伤痛，还有到期的债务，更糟糕的是，小丁怀孕了！

本来小丁存下的那笔钱可以用来迎接这个小生命的，或者若是她能合理投资还能小赚一笔，可是现在这些都是空谈！为了生活，他们打掉了孩子。小丁很伤心，觉得生活的美丽泡沫破灭了。有时，她甚至开始怀疑，自己是不是选错"那一半"了。

命运坎坷的人让人同情，可是你有没有想过，是什么让你的命运如此呢？你本可以同其他人一样享受生活，拥有财富，可你却因为你最爱的人而尝尽酸咸苦涩。你真的觉得这样做值得？就算你是个理财高手，可是"巧妇难为无米之炊"，他把你的钱都花得差不多了，你还理什么？

这点，你真该仔细考虑。爱情固然重要，但不要让它弄晕了头脑！理财有风险，不光来自外部，也有每个人身边最亲近的人可能带来的风险。且越是近的地方，自己越不易察觉，伤害也越大！

更新观念——男人不是长腿的钱包

新生代里不乏这样的小女人，她们想依靠男人生活，嫁个有钱人是她们毕生的心愿。她们在经济上从不思考要独立，只想坐在家里做全职太太，过衣来伸手、饭来张口的日子。但是，你有没有想过，万一哪天男人不在你身边了，

你怎么办？你自己能独立生活吗？

小女人，小主张——男人是自动提款机

敏敏是个很“爱”自己老公的人，确切地说，是个很爱自己老公钱的人。她喜欢做个小女人，喜欢在老公的呵护下享受生活，喜欢过没有压力的日子，喜欢那种可以随意花老公钱的感觉。所以她对自己的事业没什么追求，工作干得不顺心了就换，钱没了就向老公要。老公一问她为什么爱他，她总是半笑半闹地说：“因为爱你的钱啊！呵呵！”可是，天有不测风云，一次，她老公的生意做赔了，生活一下子变得紧张起来。敏敏还是想赖在家里，她的丈夫却觉得她也应该为这个家挣一些收入，并要求她减少开支。敏敏为此和丈夫大吵了一架，也影响了两个人的感情，甚至威胁到了两个人的婚姻。

可敏敏反过来一想，又不敢离婚，因为一旦离开丈夫，她根本没法生存！她突然觉得，自己好像真的错了，不能再在家里当“小女人”了！

好女人，好主张——男人是共同理财的伴侣

以前女人在谈及钱时，常常很难为情，可是现在不一样了，新独立的女性对财富有着新的看法，她们主张不再依靠男人，而是要同男人一起赚钱、一起理财。要想保持一份清高，女人就得靠自己！不要再被那些慵懒的小资思想困扰了，你不是哪个男人生活的附属品、寄居者，而是独立、“颇有见地”的“新锐”女性！

那些将男人当成提款机的小女人只能靠着老公过日子，没有自己的事业，没有自己的财富来源，在老公眼中她们没有个性，软弱无能、只懂挥霍。时间长了，这样的女人在家里很容易变得没有地位。反过来看那些独立的女性，她们有自己的事业，靠自己的能力养活自己，并可以积累属于自己的财富，她们因此充实而自信。在家庭中，她们与丈夫能够平等沟通、互相交流，并得到对方的尊重和认可。

这两种明显的差别，让你意识到问题的严重性了吗？很早以前，在那些成功女性的眼中，男人就不再是长腿的钱包了！

拿出理财的精明，寻找有缘人

有人说：“结婚前，要睁大双眼看清楚；结婚后，要睁一只眼闭一只眼。”

因为在结婚前，你并不熟悉这个人，肯定要仔细观察他或她一阵子，而结婚后，只要没有什么不能接受的事情，就不能计较那些小毛病，要互相磨合、互相关爱。但是为了你能顺利晋升为“财女”或者“财男”，你也应该带着自己理财的那些小精明来寻找那个合适的人！

那个人除了要让你有心动的感觉外，还应当具备以下理财方面的条件：

（1）若非爱得太痴心，另一半就绝对不是这几种：花钱无度型、过度偏爱风险型、见钱眼开型以及需要你供养的皇帝（皇后）型。

（2）经济情况或状态比较好。结婚就是生活，就是油盐酱醋，就是要花钱。如果他（她）的生活条件过于艰苦，没有面包的爱情，也不容易维持。所以你的伴侣应当有较好的经济状况。

（3）有与你相近或相似的理财观念，甚至他（她）比你更会理财。理财的观念，需要两个人及时沟通，在交流的过程中，你发现他的想法可取，就会彼此修正。而如果他的想法与你的十分相近，两个人都有默契，幸福的生活就不远了。两个人的努力，会让一切理财上的困难变得简单很多。

（4）并不吝啬。会理财，并不等于吝啬，你在观察的时候，一定要注意区分好他（她）到底是会理财，还是吝啬。吝啬有时候会给人以错觉，让人觉得吝啬的人就是会理财的人。其实不然，两者南辕北辙，差距太大！

（5）在结婚之前，不轻信他的任何理财投资的承诺。由于你们还没结婚，别轻易把钱都交给他打点。曾经就有这样的案例，一名女性在结婚前，听信男朋友的话，将自己的私房钱都拿给他去投资股票，实际上，他并没有和她结婚的意思。没多久，人就杳无音信，女子被骗财骗色，受到了巨大的伤害。现在还有很多婚介所里有这样的骗子，就等着你上钩，然后骗财骗色。所谓“知人知面不知心”，你一定要小心，别让人蒙骗了！

分工合作，唯“财”是举

由于性格的差异，夫妻两人并不一定都适合理财，但是只要其中有一个人在这方面有些优势，就应当让其来充当此大任。根据不同的情况，可以将理财方式分为：妻子理财型、丈夫理财型和夫妻分别理财型。

一般女性的心思比较细腻，耐性和观察能力强，思考问题比较发散，所以在平时管钱上会比较适合。同时，女性的直觉比较准确，她们似乎有这方面的天分，所以在投资理财时，女主人的预见性建议应当着重予以考虑。

不过，女性都偏保守，凡事都是安全第一，可能不会买风险投资，而是青睐保险和储蓄，但这样就不能得到更多的财富。另外，很多女性对丈夫的依赖感过强，什么都要丈夫点头才敢做，魄力不够，也不能很好地做决断，一旦遇到投资机遇，往往犹犹豫豫，与其擦肩而过。从这方面看，大多女性不太适合风险投资。

比较而言，丈夫就比较有魄力，在做风险投资上就比女性强很多，他们的及时决断，可以为家庭带来更多的财富。而且，丈夫相对比较理性，花钱的时候也会从客观的角度来看是否需要，女性有时候就纯粹为了逛街而逛街，不太容易做到理性消费。男性的逻辑思维、推理能力都要比女性强，所以在做理财分析时能够更理智。可是丈夫常常忽略生活中的理财细节，并没有什么耐心，从这一点看，大多数男性不适合平时的理财。

其实，完全可以夫妻分工，发挥各自的特长和优势，来共同理财。妻子可以管理日常的花销，负责平常的理财，而丈夫可以负责风险投资类的较大的投资理财。这样各取所长，再将金钱汇集在一起，用不了多久就能形成更多的财富！

不过这只是一般情况，并不排除其他的可能。如果你觉得寻找理财规划师来为你理财，或者一方理财更有优势，甚至有一方就是理财方面的专家，那也未尝不可。总之，我们做这样的分工，都是为了你能更好地管理好自己的财富，更快地过上幸福的“财富”生活！

第八章　化解理财与子女教育投资的冲突

孩子要上学读书需要花多少钱

孩子要上学读书需要花多少钱？这是当今千千万万做父母的最关心的问题。

有一项调查显示，受教育程度低的家长准备为孩子的教育投资是小学阶段20590元，中学阶段28909元，大学阶段51700元；而受教育程度高的家长在准备为孩子进行教育投资时却大方得惊人，他们列出的教育投资是小学阶段67259元，中学阶段59185元，大学阶段58695元。

上述教育程度低的家长准备为孩子教育投资的数额，基本代表了众多普通家庭的投资基数，而且目前多数地方的孩子日常消费和教育消费也基本处于这种水平。

即使不投资孩子也会长大，但是，你应该知道孩子的教育经费大致需要多少。让我们来算算这笔账吧！

1. 从孩子出生到上幼儿园

粗略计算，孩子三岁上幼儿园，每个月的看护费大约600元，如果我们按照大城市的平均水平，将生活费、玩具、衣服等很多生活基本费用统计在一起，总共大约需要2万元。

2. 孩子上小学到读大学

孩子6岁上小学，现在虽然义务教育阶段学费免费，但是每年的生活费、资料费、上培训班的费用等加起来也是一笔不小的开支。高中三年，一般来说，每年至少得花1万元。如果顺利升入一所中等消费的大学，每年需7000元学费，还要加生活费等其他费用，数目也不少。大学要读4年，算起来孩子上学20年，花掉的不是一笔小数目。

据估算，现在一个小孩在国内读到大学毕业，不包括生活费，学费在15

万元左右；如果出国留学，仅留学费用就30万~60万元不等。然而这些仅仅是现在的数字，假设学费以每年3%增长，那么10年后，在国内读到大学毕业的费用将在20万元左右！这样庞大的支出，对于每个家庭来说都是一个严峻的挑战。子女教育费用现在已经成为家庭中仅次于购房的一项支出。

孩子对于父母来说，是最珍贵的，父母都希望在他降临之前为他准备好一切，特别是准备好抚养他的资金。倘若在没有任何准备的情况下，孩子出生了，那么父母就无法给孩子自己想给的生活，父母也很无奈。

草草算过，十几万元的基本费用就在你的存折里被预订了。可若你想让孩子生活得更舒适，让他接受更好的教育，比如出国留学，比如在国内读硕士，那么你所要付出的钱就会更多，而这些你准备好了吗？

教育投资工具有哪些

做教育投资计划必须涉及投资工具的选择。除了常用的财务投资工具外，教育投资也有很多特有的投资工具。

1. 银行教育储蓄

商业银行的教育储蓄存款是最基本的教育投资渠道，以零存整取的方式分期存入，到期一次支取本息，存期为1年、3年和6年。

2. 定期定额基金

不少年轻父母们收入有限，但风险承受能力较强，想获得高于储蓄存款的收益，可采取“定期定额”投资基金的方式，为孩子储备长期的教育费用。

3. 存款加基金组合计划

这种投资方式是在存款和基金的基础上派生出来的新型投资工具，它把银行存款和基金组合在一起，吸收了两者的优点，借以达到在保住本金的基础上获得更高收益的目的。

4. 教育基金类保险

教育基金类保险虽不是较佳的教育储蓄投资品种，但避免了以后家庭出现不测，孩子教育费将无从着落的情况。父母应该有一定的风险防范意识，提前为孩子购买一份可以享受教育金、成长金，同时又能满足自身保障需要的保险，这等于购买了一份“双重保险”。虽然教育基金类险种承诺返还的金额对高昂的教育费用来说，只是杯水车薪，但家长买了一份安全，多了一份保障，可作为教育费用的积累和补充。

如何办理教育储蓄

教育储蓄是国家为鼓励公民投资教育而在 1999 年 9 月 1 日开办的一个新的储蓄品种，凡在校就读的小学四年级及其以上的学生，为应付将来上高中、大学等非义务教育的开支需要，都可以在其家长的帮助下参加教育储蓄。

办理教育储蓄时我们需要把握以下内容：

1. 储蓄对象

教育储蓄的储蓄对象为在校小学四年级（含四年级）以上学生。

2. 开办程序

（1）须凭储户本人户口簿或居民身份证到储蓄机构以储户本人的姓名开立存款账户。

（2）开户时储户和金融机构约定每月固定存入金额，分月存入，中途如有漏存，须在次月补齐。教育储蓄的起存金额为 50 元，本金合计最高限额为 2 万元。

（3）到期支取时凭存折和学校提供的正在接受非义务教育的学生证明一次支取本息。

3. 优惠条件

（1）免收利息所得税。

（2）利率优惠。一年期、三年期教育储蓄按开户日同期同档次整存整取定期储蓄存款利率计息；六年期按开户日五年期整存整取定期储蓄利率计息。

4. 其他注意事项

教育储蓄逾期支取或提前支取怎么办？

如果你的教育储蓄逾期了，则逾期部分按活期利率计息，并不享受教育储蓄优惠条件。如果你的教育储蓄还没到期而需要提前支取，若能提供学校开具的正在接受非义务教育的学生身份证明，则按实际存期同档次整存整取定期储蓄利率计付利息，同时享受教育储蓄优惠条件。对不能提供“证明”的按实际存期和支取日活期储蓄存款利率计息。

为孩子上学攒钱有高招

调查显示，有超过九成的家长希望子女从小接受良好教育，并表示会竭尽全力为孩子的成长进行投入。但很多家庭因为缺乏长期规划而导致理财效率低下。如何在这个经济不太好的行情下更科学地为孩子上学攒钱是大家最关注的问题了。不同背景的家庭以及在孩子成长的不同阶段应采取不同的方式。这里我们结合三个不同家庭的实际情况提出建议：

1. 低收入家庭的教育理财

杨先生35岁，在私企工作，月收入2000元，没有投保；妻子月收入1500元，有保险。由于每月需要还房贷，现在只有1万元存款；家庭每月约有2000元节余。杨先生的孩子今年十岁，两年后将上初中，将来还要考高中上大学。杨先生该如何规划好孩子的教育金？

[理财建议]

杨先生的孩子距上大学还有八年时间，预计八年后的四年大学费用为12万元。在这段时间可以采取长期投资和定期定额投资的方式积攒这笔教育金。

首先可将1万元现金中的6000元作为家庭的应急金。

接着将1万元现金中的4000元为杨先生办理保险，其中500元用于意外险，3500元用于健康险。

然后将家庭的每月节余2000－(4000/12)(保险投资)＝1667元中的900元定期定额投资于稳健的基金组合，比如高折价率、运作较稳健的封闭基金，或者平衡型开放式基金，或者购买“基金中的基金”。按照8%的保守收益来计算，八年后投资将获得12万元左右。孩子就读国内大学绰绰有余。

2. 中等收入家庭的教育理财

曾女士和先生共同经营一家服装店，先生负责进货，曾女士负责销售。由于两人的经营思路比较灵活，店铺的效益不错，每月纯利润在1万元左右。曾女士的女儿今年上高中一年级，可能受父母的影响，女儿学习成绩一般，但在做生意方面却表现出一定的天赋，尽管这样，曾女士还是希望女儿好好学习，考上大学，因为将来无论是找工作还是做生意，没有文化就没有竞争力。因此，曾女士女儿两年后上大学的各种开支也提上了家庭的议事日程，同时还要考虑女儿大学毕业后的就业或创业基金。除了生意的投资以外，曾女士没有其他的投资和理财项目。

[理财建议]

(1) 从生意赢利中定期积攒教育基金。从常理来说，将赢利投入到生意中，这种再投资的收益会高于普通投资方式，但生意毕竟是有风险的。所以，曾女士应未雨绸缪，定期从经营赢利中拿出一定的教育基金，专款专用，将这些资金投入开放式基金、人民币理财、正规的信托产品等理财渠道中，在尽量稳妥的前提下，实现保值增值，以增强女儿教育的保障力。

(2) 为女儿购买适当的健康保险。曾女士可以为孩子购买一定的分红附加安康保险，这样，孩子受教育期间的重大疾病、住院医疗费等均有了保障，从而为女儿撑起了一把保险伞，更好地保证女儿接受良好教育。

(3) 为女儿积攒一定的创业基金。面对孩子未来就业、创业的生存竞争，现在很多经济条件较好的父母开始提前为孩子准备创业基金。曾女士的女儿具有经商天赋，她可以和积攒教育基金一样，每年拿出一定的经营赢利，设立创业基金。如果将来女儿毕业后需要自己开店创业，这笔资金会派上大的用场。

3. 高收入家庭的教育理财

汪先生今年 39 岁，某外企高管，妻子在某企业上班，两人年收入 100 万元左右。拥有市场价值 200 万元的房产；购买了平衡型基金 30 万元；银行存款 50 万元；有一辆价值 10 万元的家庭轿车。儿子 13 岁，初中一年级。汪先生夫妇准备让儿子到英国上大学，为此他们希望能够及早为儿子准备好教育金。

[理财分析]

汪先生近期主要理财目标是子女教育规划。初步测算，汪先生儿子初中、高中以及到英国留学的教育经费现值约 75 万元。因为汪先生家的储蓄率较高，具有较好的资产结构，基本可以用目前的储蓄和今后的储蓄来完成教育经费的积累。

[理财规划]

子女教育金的准备缺乏时间弹性，5 年后无论家庭情况如何，孩子的高等教育都不能耽误。因此建议夫妻两人购买保额为 100 万元左右的定期寿险，保障期限 10 年，防止家庭意外变故而影响子女的高等教育。

汪先生的儿子到国外留学还有 5 年的时间，汪先生可以将选择平衡型基金作为教育基金，预计平均每年的回报为 3%~5%，如果暂时不考虑教育费增长率的话，那么需要建立一只 60 万元的基金，5 年后基金的价值将会达到 70 万元。

汪先生也可以选择用“基金定投”的方式积累教育基金。对汪先生家庭来说，通过基金定投，可以使小钱变大钱，每月大概需要投资基金 1 万元，5 年后也可以积累一笔价值 70 万元左右的教育基金。

教育理财，分散投资还是集中投资

一般来说，教育规划具有下列特点：子女到了一定年龄就要接受相应阶段的教育，不像购房规划，若财力不足可延后几年；子女教育费用相对固定，没有弹性，需要早做打算，尽量准备得充足；另外，子女的资质无法事先预测，所以应该从宽来规划子女的教育经费。

在规划投资时，家庭首先要计算教育基金的缺口，设定投资期间及设定期望的投资回报率。通常，子女对教育的最大可能支出=家庭收入-基本生活必需品的开支。因此只要计算出子女的必需教育投资支出或子女的最大教育投资支出，然后求得它们与家庭实际教育费用支出的差额，就可推算教育储备金的数额。可以根据有经验的理财专业人士的建议，构建投资组合，以取得预想的收益，为子女教育未雨绸缪。

理财专家表示，家庭理财尤其是对收益稳定性要求更高的教育理财，重要原则之一就是“不要把鸡蛋放在一个篮子里”。仍以两位家长为例，一位家长把 10 万元投资到年收益为 6%的金融产品中，25 年后可增值到 42.9 万余元(如果该单一的金融产品亏损，该家长可能就会一无所获)；而另外一个家长把 10 万元分比例投资到 15%、10%、5%、0%和利本都亏的 5 种金融产品上，那么 25 年后这位投资者的综合收益则为 96.28 万元，超过单一投资者收益的两倍。所以，教育理财，最好选择分散投资。

第九章　保险，理财两不误

保险，幸福人生的底板

财务安全是进行投资规划时首先要考虑的问题，没有购买保险的家庭资产配置是不合理的。比方说家庭的风险，从财产的角度看，面临着很多风险；从人身的角度看，生老病死残都面临财务的负担。因此，家庭风险的防范是理财的一个基础，从这个意义上讲，保险无疑是家庭的必需品。保险可以将投保人的风险转给保险公司，并给其家人带来安心和慰藉，是一种能让家庭未来生活更有保障的投资工具。

虽然许多人能接受保险的观念，但又担心保险费的问题，因此延误投保的时机。人生中许多不可错失的机会，就在这迟疑中错过了。聪明的人会开源节流，为家庭经济打算，投保就是保障生计的最佳方法。

遭到意外的家庭，收入来源有亲戚救济、朋友救济、他人救济或保险理赔，其中，没有人情压力的保险当然是最受欢迎的。保险费是未来生活的缩影，比例是固定的，真正贵的不是保险费，而是生活费。倘若我们今天选择了便宜的保险费，相对地，代表未来我们只能过贫穷的生活。你一定不愿意让家庭未来的生活水准打折扣吧，那么今日的保险投资就是值得的，何况它只是我们收入的一小部分而已。以小小的付出，换得永久的利益和保障，实在划算。

许多人认为，买保险是有钱人的事，但保险专家认为，风险抵抗力越弱的家庭越应该买保险，经济状况较差的家庭其实更需要买保险。几千元、上万元的医药费，对一个富裕家庭来说可以承受，但对于许多中低收入的家庭则是一笔巨大支出，往往一场疾病就能使一个家庭陷入经济困境中。“对于家庭经济状况一般的市民来说，应首先投保保障型医疗保险。”

保险专家举例说，如果一个 29 岁以下的市民，投保某保险公司的保障型医疗保险，每年只需缴 300 多元（平均每天 1 元）的保费，就可同时获得 3000

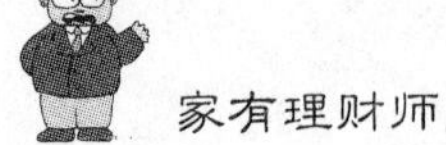

元/次以下的住院费、3000元/次以下的手术费，以及住院期间每天30元的补贴；如果是因为意外事故住院，则还可以拥有4000元的意外医疗（包括门诊和住院），而且不限次数，也就是说被保险人一年即使有几次因病住院，也均可获得相应保障；万一被保险人不幸意外身故或残疾，还可一次性获得6万元的保险金。保险专家提醒，保险和年龄的关系很密切，越早买越便宜，如果被保险人在30~39岁，相应的保障型医疗保险保费就会提高到400元。

人在一生中最难攒的钱，就是风烛残年的苦命钱。人们在年轻时所攒的钱里，本来10%是为年老时准备的。因为现代人在年轻时不得不拼命工作，这样其实是在用明天的健康换取今天的金钱；而到年老时，逐渐逝去的健康也许要用金钱买回来。"涓滴不弃，乃成江河"，真正会理财的人，就是会善用小钱的人，将日常可能浪费的小钱积存起来投保，通过保险囤积保障，让自己和家人拥有一个有保障的未来。

要想让保险更加切合我们的需求，充分担当起遮风挡雨的作用，就应该与寿险规划师进行深入交流，让寿险规划师采取需求导向分析的方式，从生活费用、住房费用、教育费用、医疗费用、养老费用和其他费用等方面来量化家庭的具体应该准备的费用状况，绘制出个别年度应备费用图和应备费用累计图，同时了解家庭的现有资产和其他家庭成员的收入状况，制作出已备费用累计图。将应备费用累计图和已备费用累计图放在一块比较，得出费用差额图，确切找出我们的保障需求缺口。有的时候，缺口为零或是负数，那就说明这个客户没有寿险保障的缺口。

找到缺口后，再根据这个缺口设计出具体的解决方案。根据不足费用的类别和年度分布状况，以及客户年收入的高低和稳定性，在尽量使得保险金额符合需求缺口的前提下，选择各种不同的元素型产品，根据客户的支付能力进行相应调整，设计出一个组合的保险方案，以这种方式来做保险规划，是基于家庭真实需求和收入水平的做法，当然是最适合家庭的方案。而且，通过寿险规划师每年定期和不定期的服务，可以进行动态调整。

所以说，保险是幸福人生的底板，有了人身的保障才能进行其他投资。

购买保险的三项准备工作

在众多保险公司推荐产品中，你是否觉得无所适从？经过业务员的推荐，你在购买了某一寿险产品后，发现该产品并不像当初想象得有那么大的作用？

在五花八门的保险产品中，你是否能够设计出最优的保险方案？这里我们给各位朋友的建议是，在购买保险产品之前，要做好三大准备工作。

1. 明确需求

购买保险时切忌面面俱到。在购买保险以前，首先需要确定自己的保险需求。根据自己的需求大小做一个排列，优先考虑最需要的险种。在一般情况下，保险公司都会根据人们日常生活中的六大类需求来设计保险产品，分别是投资、子女、养老、健康、保障、意外。如果投资人正是青春年少，处于投资的初级阶段，那大家优先的需求应当是意外健康 > 保障 > 养老 > 子女 > 投资(这个排序的前提是根据大家目前所处的年龄段来排列的)，以健康需求为最多，而购买保险以前一定要先确定自己或家人将来要面临的医疗费用风险。每个人面临的医疗费用风险是不一样的，因此所需要的保险保障范围也不同。影响风险的因素有职业、收入、地域、年龄和家庭等。比如享有社会医疗保险的人，在医疗费用支出较大的时候，需要商业保险的保障；而不享受社会医疗保险的人，则需要全面的商业医疗保险。经济条件好的人，在生病时有足够的承受能力；而经济条件一般的人，可能因一场大病就陷入贫困。肩负家庭重担的人，在疾病期间可能需要额外的津贴；而单身贵族，则很可能不存在这个问题。因此你应该视自己的真正需求有选择地购买保险，而不要面面俱到。另外，除了确定自己的保险赔付需求以外，各保险公司的产品在投保条件、保险期间、缴费方式、除外责任和理赔方式等方面各有特色。消费者可选择与自己的收入特点、支付习惯及品牌偏好相适应的保险。未来收入不稳定的人，可选择短期内缴清或有保单贷款功能的保险。希望保险产品能够升级的人，可购买具有可转换功能的产品。

2. 确定方案，注重长远保障

在了解和确定了自己的需求以后，就要通过选择保险公司和对保险产品进行比较，综合确定一个方案。对此，业内专家认为，在保险产品的挑选上，保险公司占据很重要的位置。我们平时买东西时，从一开始就会感觉到自己所购买的产品能够带来什么样的回报，售后服务如何。但与购买商品不同，大家只有等到需要保险产品的时候，才是跟保险公司打交道的时候。而在购买保险产品的时候以及今后的一段时间内并不能体会到它的好坏，因此在购买以前选好保险公司很重要。真正能维护你利益的时候，很大程度就在于这个保险公司的服务。我们在选择保险产品的时候也并不是“保险保障范围越大越好，功能越多越好”。专家指出，保险的价格和保障范围是成正比的，如果保险保障范围超出需要，则意味着支付了额外的价格。例如，一个教师发生工伤的机会微乎其微。如果其购买的保单范围包括工伤医疗费用，则白花了工伤保险的钱。请记住，我们要购买自己真正需要的保险产品。因此，我们在购买保险之前一定要设计好一个能够保障长远利益的保险方案，这样才能得到物有所值的保险产品。

3. 学会签单，保证不受骗

当一切工作准备就绪以后，你还需要做的一份工作就是要了解填写保单的时候应该注意哪些问题，不要因为自己的一个小疏忽影响保险产品发挥其本身的作用。业内人士告诉记者，把握好五个关键步骤，就可以顺利地签署保险合同。首先，当业务员拜访你时，你有权要求业务员出示其所在保险公司的有效工作证件。其次，你应该要求业务员依据保险条款如实讲解险种的有关内容。当你决定投保时，为确保自身权益，再仔细地阅读一遍保险条款。再次，在填写保单时，必须如实填写有关内容并亲笔签名，被保险人签名一栏应由被保险人亲笔签署（少儿险除外）。又次，当你付款时，业务员应当场开具保险费暂收收据，并在此收据上签署姓名和业务员代码，也可要求业务员带你到保险公司付款。最后，投保一个月后，如果未收到正式保险单，应当向保险公司查询。

选择保险公司要慎重

目前，开展保险业务的保险公司很多，这些公司规模不尽相同，收费和服务也各不相同，这时候就要好好衡量了。

一般来说，规模大的保险公司理赔标准一般都比较高，理赔速度快。如果办理此类公司的业务，可以较好地满足客户理赔方面的要求。但缺点是大公司的保费要比小公司的保费高一些。反之，相对较小的保险公司在理赔方面提供的服务可能不及大公司，但通常保费会比较低，在价格上具有一定竞争优势。

消费者在选择保险公司的时候不应该只考虑保费高低的问题，购买保险不能只重视价格，服务才是最重要的。大型保险公司虽然保费较高，但在理赔方面的业务却相对成熟，能够保证在第一时间赶到事发现场，及时理赔，公司定损的网点也多。

当然公司的规模大小不是评判服务好坏的唯一标准，保险公司提供的业务是否适合投保人的需要，这才是最实际的问题。

如何签订保险合同

签订保险合同是参加保险中极为关键的一步，保险合同是投保人将来索赔的重要依据，因此对投保人而言，了解一些基本的保险法则以及与合同有关的法律事宜，对于签订能够全面维护个人权益的保险合同是非常必要的。

1. 保险法律原则之一——损失补偿

损失补偿原则是保险的最基本原则。它包括三方面的含义：

（1）补偿以损失为条件，标的物具有可保利益是获取补偿的前提。

（2）损失必须是保险责任范围内的损失，对除外风险所引起的损失保险公司不承担赔偿责任。保险赔偿额以保险金额为最高限度。

（3）保险赔偿款仅限于由保险事故所引起的直接损失的实际金额。

保险公司在向被保险人支付赔款后，就取得被保险人对标的的合法权益或对第三者侵权行为的赔偿请求权，也就是代位追偿权。被保险人有义务协助保险公司行使代位追偿权。如果被保险人豁免了第三方的赔偿责任，就等于自动放弃了向保险人索赔的权利，即使被保险人已得到保险赔偿，保险公司也有权予以追回。保险公司取得的追偿权不能超过其支付的赔偿额，超过的部分仍应归被保险人所有。

2. 保险法律原则之二——最大诚信

保险合同属于诚信合同，它特别强调双方当事人的诚信。这是因为，在保险实务中，保险公司决定是否承保及其承保的条件，主要依据投保人所作的说明。如果说明不真实或有遗漏，会影响到赔偿金额的多少，也可能给某些企图骗取保险赔款的不法之徒以可乘之机。因此，法律规定，保险合同必须建立在双方诚信的基础上，否则，合同将没有法律效力。为确保这一原则的实现，保险合同上有保证、告知等规定。保证和告知是保险合同生效的重要条件。

（1）保证。保证是投保人就过去、现在或将来的某一事项所作的担保，如担保标的的某一状态的真实性，担保将来必为某一行为，或担保过去从未为某一行为。通常，保证分为明示保证和默示保证。明示保证是指在保险合同中明确载明的，成为合同组成部分的保证条款；默示保证是指未载入保险合同的保证，它一般是习惯形成的，社会公认被保险人应予保证的事项。如果在明示保证中未作相应的规定，默示保证同样具有效力。

保证，在法律上视为保险关系必须约定的重要事项，其存在与否直接影响保险合同的效力。因此，被保险人必须严格遵守保证条款，若稍有不符之处，无论损失与否，或损失是否由违背保证的行为引起，即使违约行为是出于被保险人的无意，保险公司都有权单方面解除合同。

（2）告知。告知是指投保人在订立保险合同时，所提供的关于保险标的的情况的说明，它是保险公司确定承保条件及费率的重要参考资料。告知不像保证那样正式载入保险单，它仅载入保险单的附件。

告知分为事实告知与非事实告知。事实告知是指投保人就自己所知道或应该知道的关于保险标的的过去、现在及将来的重要事实所作的说明。事实告知不实，可能导致合同的解除。非事实告知是指投保人所作的希望或转述的说明，保险公司不得以非事实告知的不实为由解除合同。

告知属于投保人的义务，依法律规定，投保人对于标的物的特殊性质、特殊环境、风险增长等事项有告知义务；对于减少风险的事实、保险公司声明不必告知的事实以及保险公司按其业务性质应该知道或已经知道的事实，没有告知义务。一般情况下，告知都是通过保险公司书面印好的保单进行的，或者是口头询问。

值得注意的一点，违反告知义务不像违反保证条款，会使保险合同当然失效。它只是赋予保险公司解除保险合同的权利。至于是否实际解除，则由保险公司自己决定，保险公司也可以继续履行合同。

（3）弃权与禁止抗辩。最大诚意原则不仅约束被保险人或投保人，而且对保险公司也有约束。这主要体现在弃权与禁止抗辩条款上。弃权是指保险公司以明示或默示表示放弃其应享有的权利。禁止抗辩是指保险公司由于自己表示的意思而丧失对被保险人的违约行为的抗辩权。例如，保险公司发现被保险人有隐瞒行为并可以解除合同时，仍然继续接受被保险人的保险费，或明确表示对被保险人不予追究，那么，应看做保险公司放弃这一解约权。此后，保险公司无权以被保险人的这一违约行为为理由而解除合同。

3. 保险法律原则之三——近因原则

近因是指引起损失的直接有效的原因。近因原则是指保险实务中指导解决较复杂的风险因素引起的风险损失赔偿的原则。判断一起复杂的风险事故造成的损失是否应由保险公司赔偿，赔偿多少，取决于造成的损失是否为保险公司承保范围内的风险事故所引起的。

如果损失是由并存的多种风险事故所引起的，只要其中不掺杂除外风险，保险公司就应承担责任。若其中掺杂一个或多个除外风险因素，则保险公司仅负部分损失的赔偿责任。若损失难以分别估计，保险公司可以不负赔偿责任。

对于几个具有因果关系的风险事故所引起的损失，只要其中未介入除外风

险，保险公司应承担责任。如果由于某一除外风险而引起这些损失时，保险公司则不承担责任，因为引起损失的风险事故是除外风险的后果。反过来说，如果除外风险的发生是承保风险的后果，即使不是损失发生的最直接原因，保险公司也应负责赔偿。

对于无因果关系的几种风险事故引起的损失，仅需判断引起损失的直接有效的原因是否属除外风险。如果在承保风险发生时有新的并且属于除外风险的风险因素介入，而且损失的直接原因为后者，保险公司则不应当承担责任。反过来，如果介入的新的风险因素是承保风险，而且损失的直接原因为后者，即使前面的所有风险都属除外风险，保险公司也应负责赔偿。

具有法律行为能力的双方当事人，基于合法目的，自愿签订的（除强制保险外）符合法律规范的保险合同才受到法律承认和保护，这是订立保险合同的基本原则。根据这一原则，保险合同在当事人一方发出要约，另一方表示承诺，从而达成意思表示一致时，即告成立。在实务中，一般是由投保人先填写投保单交给保险公司，保险公司对投保人填写的投保单没有异议、表示同意接受并签发保险单（或保险凭证）后，即为成立。具体成立时间，随承诺时间不同而有差别。另外，判断合同是否成立，是否具备法律效力，除正式交付保险单外，还要考虑以下两方面问题：一是交纳保险费；二是在人寿险中，保险合同的完成，一般还必须具备一项重要条件，即被保险人取得身体符合承保条件的证明文件。

如何选择适合自己的保险

理论上来说任何风险都可以投保，但太过琐碎的，保险公司一般不理会。如电视机突然坏了，买一台新的要几千元，我们可以在买电视机的同时买下保险，如果突然坏了就可以收回一笔资金去买台新电视机。这在国内是可行的，因为电视机在一般家庭中可以说是一件大家用电器，如遇雷电袭击、电压不稳或任何非人为的损害，都可以申请赔偿。不过，有时这显得太过琐碎，能获得的赔偿又不是太多，对一个普通上班族来说，这点损失一般也承担得起。

但凡太过琐碎的小事，一般人不会去投保。通常为大多数人所关注的，在理财学上占重要性的保险，包括财产保险、汽车保险、意外伤亡保险、人寿保险、意外导致丧失工作能力的保险等。

至于哪一项应该投保，哪些不需要买保险，这就要因人而异，看个人的保险需求了。

按照潜在的损失形态，个人或家庭面对的风险大致可分三类：

1. 财产风险

财产发生损毁、灭失的风险。例如，房屋遭受火灾、地震；汽车碰撞；财产被盗窃等。

2. 人身风险

由于人的死亡、伤残、疾病、衰老、丧失或降低劳动能力所造成的风险。

3. 责任风险

由于个人的侵权行为造成他人财产损失或人身伤亡，依法负有赔偿责任所形成的风险。如因自身疏忽造成汽车碰撞致使他人人身伤亡等。

对于所有风险若能通过投保转嫁给保险公司，自然是最好不过了。但很少有投保人经济能力很强，从而对所有风险都予投保，因此每个人正确分析自己所面临的风险后就应当对其进行科学的评价，同时结合自己的投资偏好，确定保险需求，合理地分散风险。

合理处理风险的方法有很多种，避免、自防、控制、转嫁都是很好的途径。但在实际生活中，究竟选择哪一种方式最为合理，要根据风险的不同特征，并结合自身所处的环境和条件而定。

知识链接

根据年龄选择保险

在某保险公司的一次客户座谈会上，一位中年保户说，自己至今购买的保险已经达到十余种，常常是保险公司推出一个新险种，经过代理人的一番推荐，这位保户就会投保，累积下来，每年需要交纳的保费超过了20000元。事实上，人在不同阶段要选择不同的保险，而在同一阶段选择的保险无须面面俱到。

比如说，选择健康保险时要根据自己的工作性质、收入情况、家庭状况、年龄及身体状况等因素对风险进行客观评判，根据经济承受能力来衡量具体的保障程度。

1. 少儿时期

这是人生成长的关键时期，由于自身抵抗力较弱，容易受到各种疾病的侵袭，所以一份住院医疗保险是必不可少的。具体险种可以选择平安住院安心保险（99型）、平安住院费用保险（99型）、泰康人寿的世纪泰康

个人住院医疗保险，这些险种都可以单独投保；当然也可以选择其他的寿险，再投保住院医疗类的附加险种。另外，少儿的自我保护意识也不强，容易遭受意外伤害，可以适当选择意外伤害医疗附加险投保。这个时期的保障程度可以选择中低档，基本可以满足实际需要。

2. 中青年时期

这是人生的黄金时期，处在事业的开创和发展阶段，多数人也是家庭的主要经济来源，健康状况有着重要的意义，因此对保障有很强的需求。重大疾病保险、住院医疗保险、意外伤害医疗保险都必不可少，给自己一份全方位的保障，以求全力开拓自己的事业。重大疾病保险可以选择新华人寿的健安终身重大疾病保险、泰康人寿的生命关爱重大疾病终身保险、平安寿险的平安康泰终身保险（甲）、中国人寿的康宁终身保险和太平洋寿险的太平盛世·长健医疗保险（A款）等险种；意外伤害则可以选择综合性的意外险，比如新华人寿的关爱相随、泰康人寿的综合意外伤害保险。这个时期的保障程度应该选取中高档。

3. 中老年时期

这是人生的收获季节，但同时也是各种疾病的多发期，很多重大疾病都在这个阶段出现，因此一定要有一份重大疾病保险，可以预防巨额医疗费用的支出。这个阶段的住院治疗概率也大大增加，最好也有一份住院医疗保险。相对而言，意外伤害的保障需求不突出，可以投保较低金额。这个时期的保障程度以中档为宜。

保费节省有方法

精打细算的原则，在购买保险的问题上也不能丢掉，应该从各个方面来节省保费。当然，前提是不影响保险数量和质量。主要有以下几个方法：

1. 把公司的保险福利收入自己的袋中

许多企业和公司把购买人寿保险作为对员工的一项福利，如果你也享受到了这项福利，那么千万别高兴得太早，因为这样的保险可能“半途而废”。考虑到每个人都可能会因为各种原因离开某家公司，因此最好的办法是把公司为员工购买的人寿保险作为自费购买的相关保险的一个补充，这样就使人寿保险能够延续下去，保证未来的收益。

2. 弄清到底买了些什么

有些保险公司在谈论人寿保险的时候，避免直接说“人寿保险”这个词，而是会用一些委婉的说法，例如用“保障抵押”、“退休养老计划”或“避税方案”等加以包装，甚至很多保险公司都要求保险规划师不要用最直白的说法告诉潜在的客户。但是，我们应该清楚自己是在购买人寿保险，尽管保险规划师一直强调它规避纳税等方面的价值，但是他们不会强调硬币的另一面：高手续费、长年累月地定期缴纳，以及一旦提前终止所受到的巨大损失。因此，不要被诱惑，一定要弄清某个保险方案是不是真正适合你。

3. 选择“低负担”保险公司

有些保险公司在出售人寿保险的时候手续费很低，甚至为零，了解这一条，就意味着选择那些保单上的金额不那么心惊肉跳的公司。这些保险公司大多为行业龙头，或者是某个细分市场的领导者，例如专做职业女性服务的保险公司。

4. 选择最合适的缴费方式

保费大多在每个月会按时、自动地从我们的账户上划走，非常方便。但是，在每个月打对账单的时候，还是要问问自己这种支付方式是否合适，这些钱花得是否值得。因为，有的时候按年支付比按月支付要便宜15%~20%。

许多保险产品都向消费者提供了多种缴费方式，比如趸缴、期缴。期缴又分为月缴、季缴、半年缴和年缴。其中年缴常见的又有10年缴、15年缴、20年缴、30年缴以及缴至50周岁、55周岁、60周岁、65周岁和终身缴费等方式。面对如此纷繁的选择，消费者如何选择才最合适呢？

（1）以保障为目的，选择较长缴费期。一般而言，如果客户投保的目的是为了防范风险，以保障为目的，那么应该选择较长时间的缴费方式。

另外，有不少产品在保险责任设计中，还向消费者提供“豁免条款”，即当出现全残或某些约定的保险事故情况下，投保人可以免缴余下的各期保费，选择较长的缴费期就更能规避风险。

（2）以储蓄为目的，选较短缴费期。如果客户投保的主要目的是为了老有所养，所购买的保险属于储蓄性质，比如两全险、养老险等，那么在经济能力许可的情况下，可以考虑选择缴费期较短的产品。因为相同的保额，或相同的储蓄目标，在缴费期较短的情况下，总的支付金额也较少。

投保人还可以根据自身收入的稳定程度以及银行存款的多少，来综合考虑缴费期的长短选择。目前社会竞争激烈，工作的稳定度大不如前，当投保人面对长达二三十年的缴费要求时，难免有些困惑，担心因为不能按期持续地缴

费，而影响保单的效力。因此，收入相对丰厚，或拥有一定银行存款余额的客户，可以选择在适当短的时间内完成保单缴费义务。

如何合理选择健康险

健康是人类最大的财富。疾病除了带给人们心理、生理的压力外，还会使人们担负越来越沉重的经济负担。有调查显示，77%的市民对健康险有需求，但是健康险包括哪些险种，又应该如何购买，不少市民对此懵懵懂懂。以下是保险专家为你如何购买健康险提出的一些建议：

1. 有社保宜买补贴型保险

刘先生买了某保险公司 2 万元的商业医疗保险。他住院花费了 12000 余元，按照保险条款，他应得到保险公司近 9000 元赔付。但由于他从社会基本医疗保险中报销 70000 余元药费，保险公司最后赔付他实际费用与报销费用的差额部分 5100 元。这让刘先生很不理解。

专家解答：商业健康险主要包括重疾险和医疗险两大类，重疾险是疾病确诊符合重疾险理赔条件后就给予理赔的保险，不管投保人是否医治都会给予理赔；而医疗险是对医治过程中发生费用问题给予的补偿。如果没有医治并发生费用，医疗险也无法理赔。

医疗险又分为费用型住院医疗险与补贴型住院医疗险。刘先生购买的是费用型保险。

所谓费用型保险，是指保险公司根据合同中规定的比例，按照投保人在医疗中的所有费用单据上的总额来进行赔付，如果在社会基本医疗保险机构报销，保险公司就只能按照保险补偿原则，补足所耗费用的差额；反过来也是一样，如果在保险公司报销后，社保也只能补足费用差额。

而补贴型保险，又称定额给付型保险，与实际医疗费用无关，理赔时无须提供发票，保险公司按照合同规定的补贴标准，对投保人进行赔付。无论他在治疗中花多少钱，得了什么病，赔付标准都不变。

专家表示，对于没有社保的市民而言，投保费用型住院医疗险更划算，这是因为费用型住院医疗险所补偿的是社保报销后的其他费用，保险公司再按照 80%进行补偿。而没有社保的人则按照全部医疗花费的 80%进行理赔，商业保险补偿的范围覆盖社保那一部分，理赔就会较多。反之，对于拥有社保的市民而言，不妨投保补贴型住院医疗险。

2. 保证续保莫忽视

江女士已步入不惑之年，生活稳定，两年前为自己投保了缴费 20 年期的人寿保险，并附加了个人住院医疗保险。今年年初，江女士身体不适，去医院检查发现患有再生障碍性贫血。经过几个月的治疗，病情得到了控制，医疗费用也及时得到了保险公司的理赔。

不料，几天前，江女士忽然接到保险公司通知，称根据其目前的健康状况，将不能再续保附加医疗险。她非常不解，认为买保险就是图个长远保障，为什么赔了一次就不能再续保了呢?

专家解答：虽然江女士投保的主险是长期产品，但附加的医疗险属于 1 年期短期险种，在合同中有这样的条款："本附加保险合同的保险期间为 1 年，自本公司收取保险费后的次日零时起至约定的终止日 24 时止。对附加短险，公司有权不接受续保。保险期届满，本公司不接受续约时，本附加合同效力终止。"

目前，不少保险公司根据市场需求陆续推出了保证续保的医疗保险。有些险种规定，在几年内缴纳有限的保费之后，即可获得终身住院医疗补贴保障，从而较好地解决了传统型附加医疗险必须每年投保一次的问题。对于被保险人来说，有无"保证续保权"至关重要。所以，你在投保时一定要详细了解保单条款，选择能够保证续保的险种。

3. 根据不同年龄选择不同健康保险

购买健康险也应根据年龄阶段有针对性地购买。专家建议：学生时期，学生好动性大，患病概率较大。所以，选择参加学生平安保险和学生疾病住院医疗保险是一种很好的保障办法。学生平安保险每人每年只需花几十元钱，就可得到几万元的疾病住院医疗保障和几千元的意外伤害医疗保障。

单身一族也应该购买健康保险。刚进入社会的年轻人，身体面临的风险主要来自于意外伤害，加上工作时间不长，受经济能力的限制，在医疗保险的组合上可以意外伤害医疗保险为主，配上一份重大疾病保险。

结婚成家后的时期。人过 30 岁就要开始预防衰老，可以重点买一份住院医疗保险，应付一般性住院医疗费用的支出。进入这个时期的人具备了一定的经济基础，同时对家庭又多了一份责任感，不妨多选择一份保障额度与经济能力相适合的重大疾病保险，避免因患大病使家庭在经济上陷入困境。

4. 期交更合适

健康保险也是一种理财方式，即可以一次全部付清（即趸缴），也可以分期付清（即期缴）。但是跟买房子不一样，保险是对承诺的兑现，付出越少越好。所以一次性缴费就不太理性，理性的做法是要争取最长年限的缴费方式。

这样每年缴费的金额比较少，不会影响正常生活支出，而且在保险合同开始生效的最初年份里保险保障的价值最大。

家庭财产保险，划算的投资

“烧水烧出火灾，洗澡洗出水灾”，高女士一直以为这样的经典场面只有在“如有雷同，纯属巧合”的香港电视剧里才会看到，直到 2008 年自己家里上演了这样一出真“房”秀，她才开始意识到家庭财产保险的重要性。

2008 年年初，高女士和老公刚刚领了结婚证，没有举办婚礼，而是选择了旅行结婚。就在他们准备入住新房时，才发现由于连接冲水马桶的水管阀门断裂，家里早已“水漫金山”，原木地板和家具、家电都泡在水里，还殃及四邻，硬生生地把婚礼省下来的十几万元钱通通搭了进去。望着满屋狼藉，高女士和老公只能懊悔当初没有买家庭财产保险。

现实生活中，像高女士这样倒霉的人并不在少数，很多人在面对火灾、水淹、盗抢等“飞来横祸”时，或者怨天尤人，找物业公司理论；或者想到安装防盗门，却很少有人想到投保家庭财产保险。实际上，投保家庭财产保险每年只需几百元，就能够防范家庭可能出现的很多风险，如家电设备短路、漏电，电线老化，煤气泄漏引发的火灾，水暖管道破裂等损失，实在是很划算的一项投资。

作为一名有远见者，为家庭财产投一份保险是很有必要的。当然在投保家庭财产保险以前，我们要弄清楚家庭财产保险的保险范围，即哪些财产在受到法定的损害后是可以向保险公司索赔的？

家庭财产保险的可保财产范围很大：

自有居住房屋；

室内装修、装饰及附属设施；

室内家庭财产；

农村家庭存放在院内的非动力农机具、农用工具和已收获的农副产品；

个体劳动者存放在室内的营业器具、工具、原材料和商品；

代他人保管的财产或与他人共有的财产；

须与保险人特别约定才能投保的财产。

并不是所有的家庭财产保险公司都给承保，下列这些就不在保险公司的承保范围：

金银、珠宝、首饰、古玩、货币、古书、字画等珍贵财物（价值太大或无固定价值）；

货币、储蓄存折、有价证券、票证、文件、账册、图表、技术资料等（不是实际物资）；

违章建筑、危险房屋以及其他处于危险状态的财产；

摩托车、拖拉机或汽车等机动车辆，手机等无线通信设备和家禽家畜（其他财产保险范围）；

食品、烟酒、药品、化妆品，以及花、鸟、鱼、虫、树、盆景等（无法鉴定价值）。

如何给孩子购买少儿险

父母对孩子最关心的事不外乎就是如何确保孩子平安健康地成长以及接受到良好的教育，而教育开支和疾病、意外等产生的费用都不菲。如果觉得有必要将这些费用细水长流地逐年分摊，如果想在出现万一时对孩子的爱得以延续，父母们不妨考虑一下少儿保险。

父母们也许会问：市面上有哪些保险品种可以给自己的孩子购买呢？多大的孩子可以购买保险呢？怎样买更加划算呢？

1. 不同险种解决不同问题

据保险专家介绍，对于少儿险来说，不同的险种是为了解决不同的问题，家长为孩子购买保险，关键要看家长最关心的是什么。

第一类：防止意外伤害。孩子在婴幼儿阶段自我保护意识比较差，基本完全依赖于爸爸、妈妈的照顾和保护；孩子在上小学、中学阶段，要负担照顾自己的责任，但作为弱小群体，为了避免车祸等意外，父母可以酌情为孩子购买这类险种，一旦孩子发生意外后，可以得到一定的经济赔偿。

第二类：孩子的健康。调查显示父母对孩子的健康格外关注。目前，重大疾病有年轻化、低龄化的趋向，重大疾病的高额医疗费用已经成为一些家庭的沉重负担。如果条件允许，父母最好为孩子买一份终身型的重大疾病险，而且重大疾病险岁数越小保费越便宜。

第三类：孩子的教育储蓄。据介绍，它解决的问题主要是孩子未来上大学或者出国留学的学费问题。越来越高的教育支出，不可预测的未来，都给父母一份责任，提前为孩子做一个财务规划和安排就显得非常必要。一旦父母发生

意外，如果购买了“可豁免保费”的保险产品，孩子不仅免交保费，还可获得一份生活费。

2. 不同险种搭配更加实惠

对于一些家长来说，有的家长既关心孩子未来的教育，又关注孩子的健康，希望孩子拥有重大疾病和意外等保障，保险公司也了解到各家长的需求，从而开发出一些保险产品，适合不同需求的人购买。

需要注意的是，一般家庭的总体保险开销占家庭收入的10%比较合理，特别是在家庭的上升期，儿童保险不宜占过多的比例，否则常年支付家庭压力相对较大，当然高收入的家庭可以重点加强教育金的部分。

“准妈妈”如何选择一份合适的保险

随着社会对女性的关注越来越多，在保险市场上也开始出现了一些“女性保险”，颇受关注。尤其对于“准妈妈”们来说，这种保险来得正是时候。由于女性妊娠期的风险概率比正常人要高得多，保险公司对孕妇投保都有比较严格的要求。一般怀孕28周后投保，保险公司不予受理，要求延期到产后8周才能受理。怀孕28周后，原则上不受理医疗保险、重大疾病保险以及意外险，只受理不包含怀孕引起的保险事故责任的普通寿险，且在投保时须进行普通身体检查。

对于即将进入生育阶段的“准妈妈”来说，生育保险到底有多重要？“准妈妈”们应当如何进行自己的保险规划呢？

1. 孕前投保健康险留意“观察期”

对于目前尚未怀孕而正准备做妈妈的“准妈妈”们，可提前做出保障准备。现在很多保险公司都已经推出了能覆盖妊娠期疾病的女性健康险，保障女性生育期间的风险，有的以主险形式推出，有的则以附加险的形式推出。

但要注意的是，投保这类保险切记要至少提前半年，这主要是因为女性健康险有一定的观察期，也就是该类保险合同一般要在90~180天以后才能生效，甚至更长时间。如果该保险观察期是180天，那等孩子生下来才能进入合同的保险期，怀孕期间一旦发生意外和疾病，就不能获得理赔。

2. 孕后选择母婴保险

对于已怀孕的“准妈妈”们来说，怀孕后选择保险的范围比较有限，如果有保障需求，可以考虑专门为孕妇以及即将出生的小宝宝设计的母婴健康类保险。一般情况下，20周岁至40周岁且怀孕，怀孕期未超过28周的孕妇都可以投保。和普通的健康险不同，这类保险是专门针对孕妇的，因此一旦投保即可生效，一方面对孕妇的妊娠期疾病、分娩或意外死亡进行保障，另一方面也对胎儿或新生儿的死亡、新生儿先天性疾病或者一些特定手术给予一定的保险金给付。

3. 买津贴型保险

津贴型保险指保险公司按住院天数每天定额给付被保险人津贴的医疗保险，与社会医疗保险的报销没有任何冲突。对于医疗保障较为全面的“准妈妈”而言这是最好的选择。这类保险对补足社保不给报销的药费或住院期间的误工费十分有用。

怎样给家中老人买保险

杨小姐和老公都是独生子女，双方家境都属于普通工薪阶层，在老家的父母均在55岁以上，杨小姐和老公除了支付房贷等，还承担着4位老人的养老责任。虽然老人们都有一定的退休金，基本生活支出不需要他们负担，但杨小姐和老公还是想给他们买保险。然而令杨小姐困惑的是，不知道买什么险比较合适?

现在，随着我国计划生育政策的实施，很多独生子女都开始担当起养老的责任。许多人都像杨小姐一样考虑为父母买保险，一是想尽孝道；二是想解决老人“养老”、“重疾”、“意外”三个方面的问题，保障老人的晚年生活。

但是给老年人买保险划算不划算呢？应该怎样给老年人买保险呢?

其实，50多岁的老人买养老保险不是很合适了，因为不少寿险产品的费率随着年龄增大而提高，在这种情况下，老年人投保会出现保费“倒挂”现象，即投保人缴费期满后，所缴纳的总保费之和大于被保险人能够获得的各项保障以及收益之和。

比如，一位25岁的年轻人投保一款保额10万元的重大疾病保险，分10年缴费，每年需缴纳保费5900元，总共需缴纳保费59000元。一名55岁的中老年人同样投保这款险种，分10年缴清，每年就需缴纳保费11700元，共需缴保费117000元，到第9年保费投入就超过了保额。

老年人的保费高昂，是由老年人“高危”的特性所决定的——高风险必然带来高保费，但是从风险角度来讲，老年人恰恰是最需要保险的。除了保费

“倒挂”现象，另一种现状是，适合老年人的险种也比较少，而且大部分寿险产品上限都在 65 岁，还有的险种上限是 55~60 岁。

专家建议，为老人选择保险要注意以下几点：

一是重疾险尽量分期缴付。因为老年人的赔付比例高，保险公司承担的风险大，保费上靠近“成本”。因此，50 岁以上者购买重大疾病类保险要注意缴费期的问题，避免一次性缴清。

二是以尽量低的主险来搭配尽量高的附加医疗保险。住院补贴类保险通常都是附加型保险，需要搭配一个主险购买，而主险一般都是保费较高的终身寿险、养老保险，老年人购买不是很划算，最好以尽量低的主险来搭配高的附加医疗保险。

三是首先可考虑为老人投保短期意外险。短期意外险具有保费低、人身保障高的特点，且费率并不比年轻人高。其次，购买了意外险后还可同时购买其他意外伤害医疗、手术费用等附加险。如果老人已拥有社保或农村合作医疗险，这样保障就比较全面了。

四是可为父母单独买住院医疗险。家境富裕、老人身体状况较差的家庭，给家中老人购买健康险时，要注意看这份保险中是否含有保证续保的条款。如果保险产品不能续保，投保人在保险期限内发生保险责任事故，保险公司赔付后，就可以拒绝继续承保。

对那些家庭条件较差、老人又需要保障的家庭，保险专家建议购买相对便宜的住院医疗险，此外有针对性地购买意外险。现在在不少保险公司都可以单独买住院医疗险，承保因意外或是疾病住院的费用报销，属消费型的，其优点就是无须附加在寿险上，保费较为便宜，3 万元左右的医疗费用报销约在 1000~1300 元，保额最高可以买到 20 万元。专家建议，一般家庭购买 3 万~5 万元保额即可。

五是有针对性地为老人购买老年意外险。与其他险种相比，意外伤害保险具有保费低廉、人身保障高的特点，65 岁以前投保，与年轻人投保的费率是一样的。老年人遭受意外伤害的概率要高于其他成年人群体，特别是交通事故、意外跌伤、火灾等事故对老年人的伤害更加严重。比如，因为老年人比较容易患骨质疏松，万一摔倒就可能花费不少医疗费，因此市场上这几年出了几款专为老人设计的老年意外伤害保险，都包含了老人骨折的赔偿或津贴。

第三篇

☞ 理财技能篇

第十章　最重要的理财：升值自己和家人

理财高速路，快速提高你的个人收入

大多数人都会对如何快速提高个人收入这个问题感兴趣。你该如何做，才能驶入理财的高速路？想要快速提高个人收入，该想些什么方法？

1. 在工作上

(1) 提高工作表现。工作上优秀的表现，将增加你在老板心目中的分量，而老板看重你了，自然就会为你加薪。

(2) 培养新技能。多学习一些对公司有用的新技能，让自己能在公司发挥更多、更关键的作用。时间长了，你就会发现，这些技能在老板的眼里是非常有经济价值的，于是相应地，你便成了他不可缺少的左膀右臂，这时如果要求升职或者加薪，就很容易了。

(3) 寻找高薪。工作无非是为了生存，一旦你的工作无法给你带来足够的收入，甚至不能维持你的生活，那么就跳槽吧。当然，你自己应当首先具备跳槽的能力和资格，否则一个实力不过硬的人，很难获得高薪。

2. 在工作外

(1) 做兼职。当然，是在不影响正式工作，且你的时间、体力都能承受的情况下，你可以多做一份工作，毕竟多一份工作多一份收入。

(2) 风险投资。如果你有些闲钱，可以拿出一小部分投资股票或者其他风险投资，来增加一下自己的业余收入，但要牢记，风险与收益并存，要在投资时保持良好的心态。

(3) 多结交贵人。你应当在平时多留意结交一些能够帮助自己创造财富的贵人，向他们征求意见、学习经验，甚至合伙投资，这样也可以开辟更多的财富道路。

不断充电，就是不断给自己加“财”

“钱是死的，人是活的，就算遇到财务危机，钱没了可以再挣。”这种想法也可以将你的目光引到另一种应对未来财务危机的方式上来。那就是投资自己，让自己不断学习理财知识和挣钱的技能，给自己不断添加提高收入和保护资产的砝码。有知识、有能力的人，不但能聚财，还能保财！

首先，要不断充实理财方面的知识。不断充实理财知识的人，将对理财有着很好的理解。他们可能会购买书籍或者专门学习理财的课程，用心钻研理财的方法，并向有经验的人学习理财经验，或者花钱请理财规划师对自己进行指导，总之舍得在理财学习上为自己投资，而他们也能得到最切实的回报。因为他们往往能够在未来财务危机出现之前就预感到，并做好了应对措施。

其次，要不断提高工作技能或者学习其他能给自己带来收入的专业知识。据调查，一般个人收入越多，其应对未来财务危机的能力就越强。你若想让收入增加，最直接、最有效的方法就是不断提高工作技能或者学习其他能够给自己带来收入的专业知识。而这些也都需要金钱的投资。你可能需要学习相应的课程，参加必要的培训，读研究生，等等。但要确信这些都是值得的，尽管目前看来，它需要用你一笔不小的资金，但是从长远来看，却是你应对风险的较好方法。因为知识和技能不会贬值，只要你有很好的才能，不可能挣不到钱，也就没有过不去的财务危机。

培养你的职场竞争力，把自己的身价提高N倍

每个月发了工资，把钱慢慢地存到银行，对于年轻人来说，也很重要，但为了微薄的薪水，而忽略提高自己的水平是得不偿失的。如果把目前的收入存起来然后进行理财，算不上是最好的理财方法。虽然快点赚钱对以后有好处，但随着自我成长，我们更需要培养自己的职场竞争力，慢慢地提升自己的潜能，把自己的身价提高。

在现代社会，年轻人升职之前拿到的钱少得可怜，却还要存下来，实在不是一件容易的事。而且，我们不可能说在这快乐的世界里不吃、不喝、不花

钱，我们只有像蚂蚁那样慢慢地存钱，因为我们想做的事、想学的东西实在是太多了。

世界上有多少快乐就会有多少痛苦。现在，就连只发一点点薪水的公司，也对员工要求得非常苛刻。在这种竞争激烈的社会里，要是你没有什么特殊或专业技能的话，就只有逐步被这个社会淘汰掉了。

若是无法提高专业能力，这个社会将遗弃你。

有一年轻人J，大学毕业以后在银行里找了一份工作。她一点也没想过提升自己的能力，只知道埋头努力地工作，然后把赚到的钱存到银行里。工作闲暇，她从没有学习过英文，就连电脑上最基本的Power Point软件都不会使用。

就在她以为银行的这份工作可以干一辈子时，突然发生了一件大事，她工作的那家银行被美国一家很大的银行合并了。这可不是一件单纯的合并案，因为两家银行合并之后，就得把没有什么工作能力的人给解雇掉。所以每天一起吃饭一起找乐子的同事们，一夕之间就变成了为生存而相互斗争的敌人。

像经理那样高的职位，已经让美国人给占据了，所以她们就连业务报告也得用英文来写。J为了写个报告不得不通宵熬夜，连周末假期都泡汤了。

但是这么做能撑得了多久啊？英文又不是一天两天就能掌握的，而且在大众面前一次也没有发过言的人，怎么可能像电视剧里一样，一下子就很流利地发言呢？

J慢慢地开始害怕上班，最终因为无法战胜自己的恐惧而辞职了。理所当然J就被社会给淘汰掉了。

突然辞职又找不到工作的J感叹："没有早点结婚可真后悔啊！"她把以前的积蓄一一拿了出来，却开始害怕生活了。可能你会认为，J在银行里工作那么长时间了，怎么会找不到工作呢？雇主却会想，与其聘用一个英文不好而且无能的人，还不如找一个没有什么经验但学历优秀的人来培训几个月，这样对公司而言，会更加有利。

如果J在把自己的工作当成铁饭碗的同时，还能努力地提升自己的能力，那么一定会在合并以后的银行里找到新的稳定的工作岗位。就算不在这个银行里上班，也可以跳槽到比这个银行更好的公司。

在这个竞争激烈的世界中，为了将来工作的开展，提升能力是必须的。我们不仅要努力地储蓄，还得要努力地提升自己的能力，这的确不是一件容易的事，可是生活在这个残酷的世界里，这也是没有办法的事。无法避免就只能快乐地接受，不要盲目地只是为了吃喝玩乐而赚钱。

探究个人特长，找准事业的切入点

一个人的事业最终能否成功，有诸多的因素，但找准切入点是其成功的关键。

胡琦寅是一名自费留学生，学习造纸专业。毕业时，在寻找自己的职业定位之前，他首先便考虑——我的长项是什么？我能够做什么？我想做的事情中国是否需要？在这方面中国的现状如何……针对这些问题，他进行了反复思考，最终他认为自己还是对造纸业颇感兴趣，于是决定投身于造纸行业。经过多年的努力，现在，他已经是芬兰 F & P 北欧林纸集团副总裁和高级咨询专家了。

可见，一个人能否入对行，就在于能否为自己找准定位。你该如何让自己的学历、经验、年龄、能力等有一个很好的匹配？如何让自己的工作能够更好地与自己的特长相结合？

1. 发掘计划——凸显个人特长，自我定位

你可以根据专门的测试或者咨询专业人员，把握自己的主要特点，例如气质、性格、耐力、学习能力、工作态度、喜好，等等。然后根据相关的建议，将自己定位在一定的职业范围之内。在这个范围里的职业，应当能尽量发挥你的个人优势。

2. 寻找计划——“多”中取精，挑一个好企业

在剔除一部分职业后，你的心里对于自己将要从事的职业可能已经有了一个大体的想法。然后你就应当去寻找一个好的企业，从而开始自己的事业。需要说明的是，这里的好企业不一定是大企业，但它一定是一个你能得到充分发展，或者有良好学习氛围的企业。

3. 成才计划——努力工作，经营自己的事业

在进入了最适合自己的职业后，你所要做的就是努力工作。切入点一旦找好了，接下来的事情就是如何把它变深、变大，从而让自己真正地投身到这个事业里，真正能从这个事业里得到成功。

很多人抱怨他们与理想发展的差距就只有那么一点点，而这一点点就改变了他们一生的命运。归根结底，还是他们当初没有很好地进行分析，没有选对职业。人都怕入错行，这一错可能就是天壤之别。所以，在你选择职业时，有必要请教资深的职业顾问，深入了解自己的职业优势所在，这样才能做到有的

放矢，从而获得理想的发展前景。

树立“个人品牌”，让你成为职场“不倒翁”

在现在社会的竞争中，反复出现一个词——个人品牌。以往，我们以为只有企业才能拥有品牌，而如今在人才市场上，也出现了这个词。随着教育的普及，除了极少数岗位和职业外，大多数的职业都走向买方市场，人才竞争日益激烈。而这时，你要在众多的人才中崭露头角，就必须拥有能引起别人注意的特殊本事，而这也就是个人品牌形成的原因。

在生活中我们常常发现，那些成功人士都拥有优秀的个人品牌，他们总是令人印象深刻、与众不同。他们在任何时候，似乎都散发着独特的魅力。曾有管理学家指出：“在职场中你应尽快建立起自己的品牌，从而成为能让老板和同事记住的人。如果在职场中拥有了自己的个人品牌，就会有更多选择的机会和更多向上发展的机遇。”

你该如何树立自己的个人品牌？

1. 个人品牌定位

你想树立自己的个人品牌，就要先参考自己的个性。正如“性格决定命运”，性格在这里也决定定位。有什么样的性格就应当选择树立什么样的个人品牌。这是塑造个人品牌的基础。你不妨问问自己——我的个人特长是什么？我适合从事什么样的工作？我想在人们心目中树立一个什么样的形象？

2. 工作技能强

个人品牌同产品品牌在这点上是相通的。产品质量好，才能树立起产品品牌；而个人能力强，才能构筑起自己的品牌。精深的专业技能是个人品牌建立的重要元素。如何能让自己的工作出色且不可替代，是建立个人品牌的关键。

3. 较好的学习能力

建立个人品牌非朝夕可成的事情，你必须不断地学习。而且，即使你已经形成了个人品牌，为了保持它，也必须不断学习新知识、吸收新技能。只有在不断地积累和慢慢培养之后，你才可能形成大家所认可的品牌。

4. 人品质量

道德水准、人品，对于个人品牌来说也是至关重要的。一个有才无德的人是无法建立起个人品牌的。所以，要想建立个人品牌，就一定要注意自己的言行。因为，只有言行一致，你的行为才会让人信服。

5. 适当地包装自己

可能你很有能力，但你不注意仪表，没什么特点，那也很难引起注意。你可以用更有品位的衣服、更有魅力的语气、更优美的身姿来让自己拥有更好的形象，让自己的名字更加深入人心。

跳槽也要跳得有价值

有句俗语：树挪死，人挪活。这句话表达的意思，就是跳槽人的心理。只要有点能力的人，都想到过跳槽。人都想往高处走，一旦发现了一个更适合自己发展的平台，哪有不跳之理？

人们想跳槽，不外乎以下几种原因：

(1) 收入低。如果员工感到自己的付出和收入不成正比，心里不平衡时，恰巧又有一个更好的机会到来，他自然会选择薪金较高的那一个。

(2) 公司的发展不够乐观。当员工对公司的发展不抱太多希望的时候，便会搜寻其他目标，以准备跳槽。

(3) 自己在公司里没有机会发展。可能公司的发展空间有限，也可能是自己在公司不受重视，总之，员工觉得没有机会发展，无法发挥自己的能力，就自然会想到跳槽。

(4) 人际关系复杂。过于复杂的人际关系也是使得很多员工放弃手头工作的原因之一。平时的工作压力加上人们之间的钩心斗角，很容易让人精疲力竭。

既然要跳槽，那你有没有想过新公司、新工作能带给你什么？跳槽，不仅仅是为了待遇和薪酬，更是为了更好的发展平台。在跳槽之前，你不妨问问自己。

(1) 这次跳槽是必需的吗？你跳槽是否很频繁？如果这次跳槽并不是必须的，就不要盲目跳槽，以避免一时的莽撞给自己造成不必要的损失。另外，如果你跳槽很频繁，那你根本不可能积累到真正的工作经验，况且没有安下心来工作过的人，谁愿意聘用？

(2) 新的工作会给自己提供更多学习和提高的机会吗？更多的机遇与学习提高将为你带来不尽的财富，你也可借这样的工作来学习更多的技能，以使自己得到更快的成长。

(3) 新工作有提升或晋级的空间吗？是否更有利于你的事业发展？当新工作有足够的发展或者晋级空间时，你将更能展示自己的能力和才华，更有利于

你拓展自己的事业。

（4）你喜欢这份新工作吗？新工作是否是你的兴趣所在，你可以适当加以考虑。毕竟，找到一份不喜欢的工作并不是你跳槽的初衷。

（5）这个新公司的工作环境和氛围如何？适合你吗？轻松适宜的工作环境和氛围能够提高你的工作效率，尤其是你当初就是因为复杂的工作环境而跳槽的时候，更应当对这方面加以注意。

（6）你所能得到的综合待遇如何？跳槽，最后还要看综合待遇到底如何，如果情况比过去好，则证明你跳槽的举动是正确的。

第十一章 小资本也可以过老板瘾

业余小店，也是赚钱的好方式

近来，大街小巷出现了一些小店，它们的经营时间与众不同，白天不开，晚上开业。这就是业余小店。原来，兼职也可以运用到开店上，既花不了多少钱，又能挣到一份多余的收入。

自己的人生刚刚开始，要创业，可是囊中羞涩，怎么办？开这样一个小店，真的是不错的选择。如果你选好了发展方向，小店同其他创业方式比起来还是很有优势的，因为它有几个比较明显的优点。

1. 稳定

小店的经营并不太容易受到市场经济的影响。它不像房地产那样容易受到冲击，即便是在房地产市场非常低迷时，它也仍能保持其相对稳定的状态，因此投资者不必担心因为不稳定而亏本。

2. 灵活

经营自己的小店，你就是自己的老板，想什么时候开店，就什么时候开。比如说，有的投资人只想经营每周五天工作的生意；有的投资人想经营晚上的生意，白天的时间可以自行支配，这样一来既能有收入，又不影响工作。开这样的业余小店不仅可以赚到钱，而且还能快快乐乐地享受生活。

3. 成本低

小店投入的成本相对比较低，店面小，房租少，卖的东西不必多，只需精就可以，因此不会给你的经济造成太大的负担。就算是经营失败了，也不会大伤元气，你完全有可能重新开始。

别看店面小，经营好小店也是一种能力，也是需要你采取一定的经营手段和策略的。不妨就将它作为你以后经营更大事业的演练场，多掌握些技巧，你才能在以后的经营中游刃有余。

实际上，没有多少钱也是可以创业的，只要有创业的想法，什么困难都是可以克服的。小生意对于初入社会的年轻人来说是一种融资的好方式，关键是要训练自己拥有独到的眼光。

开间特色小店挣大钱

一个周末，琳琳和好友出门闲逛，回来路上找了间小店吃麻辣香锅。刚刚五点左右，店里还没上客。老板跟她们闲聊了几句，就去店门口支了张小方桌，沏了一壶茶，往躺椅上一靠，一边听音乐，一边喝茶，悠然自得的样子让琳琳好生羡慕。

找个居民区，开个特色的小店，装修得干干净净，经营得规规矩矩，一个红案一个白案，雇两个漂亮的小丫头帮忙打理店铺，让退休的母亲帮着收银记账，笑迎八方客。自己拱手坐在一边，和朋友们聊聊天，闷了就出去晃晃，何等美妙……

接下来的日子里，这些幻想的场景一直在琳琳的脑子里，她开始被一个念头纠缠："我要开间小店。"

开间特色小店，是好多女孩子的梦想。但是怎样才能让自己的小店更有特色，从而赚更多的钱，却不是每个女孩子都知道的。

1. 最棒的设计

店址无论在何处，只要你的店拥有最棒的设计，一定能吸引众多的顾客前往。

王芳在济南开了一家服饰店，她虽然显得有几分腼腆和内向，可走进她开的服饰小店，她亲手做的设计绝对让你大吃一惊。空荡荡的店堂里，一边是仿明清风格的老式烟榻和床，繁琐而又持重；一边却是简单到只剩一幅布帘和一张矮条椅的更衣室——新和旧，传统与现代，繁复与简约，就这样在富裕的空间里冷静地对视，淋漓尽致地彰显出设计者极端激烈的性格。王芳的小店，凝聚了她所有的积累、梦想和希望。她始终相信，搞设计未必要专业出身，只要有自己的想法，随性地把美组合在一起，就是最棒的设计。

2. 独特的个性

无论经营哪种商品，都要强调它在同类产品中独特的个性，不能大众化。所谓个性化，指的是你经营的商品以时尚前卫、价位低廉、商品稀奇、人无我有、销售新奇等为特点。只有这样，你的特色店才能日益彰显出自己的个性，在茫茫“店”海中以个性取胜。独特的个性小店是被充满个性的人们创造出来的。

3. 领潮时尚

领潮时尚几乎成了许多特色店的代名词。毫无疑问，特色小店的潮流嗅觉总是要比大商场快一些，多则1年半载，少则1月半月，像近来大热的茶花花饰、伞裙、宽腰带等，都是从小店开始流行的。因此，在进货上要突出“八字”方针，“超前、新颖、品位、独特”，同时这也是小店生存制胜的法宝。

4. 实惠的价位

之所以称“实惠”而不是“便宜”，是因为现在特色小店的价格已不再是便宜的代名词。比如，那些经营服饰的店的商品平均价格都在七八百元上下，有些货品甚至以千元计。但和商场、专卖店相比，同样价位的服饰“含金量”却往往低很多，商场品牌一般都含有大量的租金、广告、管理成本，而特色的小店却省略了这些环节，就为消费者省下了不少钱。所以，权衡其中的个性、品位、独特性，其“性价比”往往比大商场的很多同类品牌优越得多。

5. 悬念性的刺激

特色店还有一个吸引人的地方就是在价格上制造悬念性的刺激，不像商场和专卖店里明码标价那么一览无余、毫无悬念，而是给顾客留下讨价还价的余地，不确定的价格当然会带来心理上的刺激，砍价的过程虽然也会让人头疼，但其间上上下下、起起落落的微妙感受也是刺激无比。笔者的一个朋友工作之余缓解压力的一大秘方就是冲进小店，和店主人大战几个回合，“砍”它个痛快淋漓。

做到了以上几点，你的小店一定会脱颖而出，到那时，还用担心没有钱赚吗？

知识链接

值得一试的三种特色小店

1. 都市“布波”精品店

“布波”族（bobo）是继嬉皮（hippise）、雅皮（yuppies）之后，现代城市最时髦的一群。他们具备高学历、高收入，是现代新经济社会的精英分子，但在休闲和心灵生活方面向往自由超脱的“消费享乐”。他们的消费特点表现在两个方面：非常重视物质的“质感”；在经济能力可负担的范围内，相信“千金散尽还复来”。

现在有些小店专门针对“布波”族做生意，出售精致的杯子、拖鞋、挂饰等生活日用品。这些日用品价格很高，一个陶杯就好几十元，但“布波”族们仍乐意购买。

2. 汽车饰品店

私家车拥有量激增导致汽车饰品不断升温。许多驾车一族（尤其是女性车主）愿意花几百甚至数千元装饰自己的爱车。相当比例的有车一族希望拥有一辆漂亮、有个性的车。汽车饰品店存在许多有待挖掘的商机。像香水、玩偶、方向盘套、坐垫等都有很大的市场需求。

该如何投资汽车饰品店呢？服务很关键，尽量给顾客营造温馨的感觉，因为现今顾客对服务的要求都较高。

3. “仿真娃娃”专卖店

一种依照孩子本人样貌制作的“仿真娃娃玩偶”2005 年在广州一推出市场，立马引起追捧。很多大城市的商家也看中了这一商机。“仿真娃娃”玩偶和芭比娃娃不同，它更具个性化，因为它是仿造“小主人”的样子制作的，其主要消费对象为 1~14 岁的儿童，产品主要分为两个规格：一种是半岁至 2 岁年龄段的“婴儿之宝”，尺寸为 20 寸；第二种是 3~12 岁年龄段的，尺寸为 23 寸，零售价格分别为 1280 元和 1380 元。

每个“仿真娃娃”一般都会有 10 多年以上的伴玩期。因此要想获得源源不断的消费回报，专业优质并带有亲情色彩的服务至关重要。例如，定期的电话回访；适时地提供一些游戏方案；对回头客实行优惠政策，如购买儿童服装送配件、VIP 贵宾卡等。

跟随宠物经济的步伐

不少女性喜欢养宠物，但是你有没有想过可以在宠物身上赚钱呢？

据有关资料显示，目前中国宠物及用品一年的交易额已超过 100 亿元，宠物各方面的需求量以每年 15%的速度在增长。专家预测，中国宠物市场潜力在 150 亿元以上。不可否认，宠物业这一全新的朝阳行业正以迅猛之势在中国经济中越来越显示出其强大的生命力，并以巨大的发展潜力吸引着众多的投资者进入这一行业。想赚钱的女性怎么能错过这一大好时机呢？

资深传媒人士姚小姐就是以养犬发家的，1991年开始投资养犬。现拥有自己的大型犬舍，并建立了博美犬专业网站。

姚小姐进入这个行业，比较随机。当时一位邻居告诉她，一边玩狗，一边可以赚钱，她就试着花5000元买了一条拉萨狮子狗，一年生两窝，一窝一般4只左右，那时，一只小狗可以卖1000~5000元，这样一年下来，就赚了3万元。第一次投资就有了收益，让她信心大增，又追加了投资。1991年她花3万元买了三只北京狗，三个月后，以5万元卖出一条，这样不仅收回了成本，还净赚2万元。

1991~1993年，她以3万元投资，却赚了上百万元。

2006年正好是狗年，狗价疯涨，一只红色巨型贵宾犬可以卖到50万元，现在，姚小姐不仅拥有自己的大型犬会，还建上了特犬专业网站，通过养狗成了亿万富翁。

如今，随着都市丁克族的出现和老年空巢现象的普遍，“家有宠物”已成为一种时尚。据有关部门预测，未来10年，我国“哈宠族”人数将呈几何级数增长，聪明的你如果能抓住这一机遇，下一个百万千万富翁可能就是你呢。

知识链接

通过宠物赚钱有哪些途径

1. 开家宠物食品店

民以食为天，动物也不例外。宠物食品除了饼干、饲料、干燥鸡肉、鱼虾罐头等主粮外，还有给宠物们“换换口味”的休闲食品。

如果女性能抓住宠物主人的实际需求，在居民小区或宠物医院附近开一家宠物食品店，既可以方便有宠物的居民，又可以增加自己的收入，这是个不错的选择。其中，国产饲料比较便宜，一般每斤在6元左右，而进口的宠物食品价格一般是国产的10倍。随着养宠物的人不断增多，人们对宠物也不再只停留在给它们吃喝上，还要求给它们穿上漂亮的衣服。宠物服装花样百出，有带帽防寒服、防水皮夹克、吉祥如意唐装等，把小宠物打扮得花枝招展。宠物用品也是种类繁多，如宠物房间、宠物玩具、食具水具、颈带牵带等。宠物的养护用品更是五花八门，有修剪指甲用的钳子，有清洁美容的牙刷、牙膏，有洗澡用的沐浴液。专用宠物剃刀是100~120元一把，一瓶200ml宠物沐浴液标价70元。

开家宠物食品店，首先要对猫粮、狗粮有一个基本的了解，并根据具体需要决定所出售猫粮、狗粮的种类和数量；其次要有合适的场地，面积在20平方米即可（建议利用自己的住宅，这样可以节约资金），总投资大约在5000元。

相对来说，一方面，开猫粮、狗粮专卖店的工作强度不大，很适合女性来做；另一方面，开店后，从业者必须每天都有足够的时间在店里工作，并且要有合适的进货渠道和较好的选货眼光。

开宠物食品店必须严格保证所售猫粮、狗粮的质量，一定要通过正规渠道进货。如果因为产品质量问题，导致宠物发生意外，将会给自己的信誉带来影响，甚至产生纠纷，严重的会影响专卖店的正常运营。

2. 开家宠物美容院

开这样的店投资较大，不但要找到合适的店面，配备专门的设备，还得招聘专业人员。提供的服务多种多样：洗剪毛发、修爪子、烫染尾巴等，美容师还可以用宠物专用的精致器械和美容用品，在猫、狗宝贝出游前为它们化个靓妆。所以这些都为宠物美容院带来可观的收益。

3. 办家宠物托儿所

如果你有宽敞的庭院，又喜欢热闹的话，开家宠物"托儿所"是个致富的捷径。常言道"需求即市场"，现在有许多单身的都市白领常因临时出差或阶段性工作太忙，无暇照顾宠物而一筹莫展。经营宠物寄养业务，由专职人员对"临时居民"精心调教喂养，让它们和其他同伴一起吃喝玩乐，既省去了主人的后顾之忧，又让小宝贝受到专业训练，1天的收费不过20~30元，当然受欢迎。

宝宝用品中的商机你把握了吗

孩子是未来的花朵，此话不假。一个可爱宝宝的灿烂笑脸能带来什么？对于家人，是天使、幸福，对于独具慧眼能够窥到里面商机的女性而言，则是利润。

《商务周刊》曾刊载过一篇《庞宝宝的烧钱日记》，文中讲述了宝宝庞怡然的幸福生活。

粉粉的、嫩嫩的小脸蛋，红红的、微微上扬的小嘴唇，宝宝庞怡然刚出生3个月，大部分时间在闭着眼睡觉。偶尔睁开双眼，可爱的童车玩具和父母的笑脸就凑了上来。

有人曾说，这个世界如果没有金钱，就如同婴儿一般纯洁了——但是，婴儿的纯洁仍然需要用金钱来保障。“如果算账的话，我闺女呱呱坠地后一个月的舒适生活价值5000多元。”庞宝宝的爸爸如是说。

庞宝宝的小床是好孩子牌，花了1200元，配上专用的价值700元粉红色床垫和帷幔，好像一个小公主的床。

庞宝宝很喜欢爸爸妈妈给她换纸尿裤。用专擦小屁屁的强生婴儿护肤柔湿巾擦干净，穿上适用初生婴儿的帮宝适超薄干爽系列（NB初生型）纸尿裤，小宝宝就配合着伸直双腿，很惬意的样子。当然，她更喜欢水。每天，庞宝宝的爸爸妈妈给她洗一次澡，用的是英国新安怡婴儿洗发沐浴露。洗干净之后用白毛巾裹上，庞爸爸迫不及待地把“妙思乐贝贝亲亲按摩油”倒在手上，然后给孩子按眉、按头、按小胳膊小腿。

这瓶带向日葵精华的按摩油一瓶就卖98元。“这样按摩能长个子。”庞爸爸的一句话就堵住了信奉节俭持家的爷爷奶奶的嘴：现在的科技先进到什么程度，老两口不清楚，不过，向日葵长得快他们倒是亲眼见过的。此后，庞爸爸一律采用“高科技、新技术”，爷爷奶奶基本插不上话。

宝宝庞怡然也就一直过着她幸福的新生儿生活。

宝宝庞怡然的故事除了让我们每个人心生为何不晚生二十几年的感慨外，还向我们传达了一个强烈的信号：如果能抓住宝宝用品中的商机，我们将会赚很多钱。

对女性而言，要想借助宝宝的福气赚取钞票，一个重要的选择便是开一家宝宝用品店，只要做好相关的准备且有一定的开店经验，便能在为祖国花朵播撒阳光雨露的同时，收获滚滚的金钱哦。

知识链接

如何开好一家婴儿用品店

1. 做好市场分析

女性朋友们对于经营专卖店，不要轻易跟风，在开始时要认真做好市场调研。因为婴幼儿用品中的奶粉、奶嘴、纸尿裤等都是些易耗品，流通

很快，婴幼儿用品单位产品的利润一般在5%~10%，有些还不到5%。婴幼儿用品绝对属于薄利多销的产品，没有很大的利润空间，所以培养固定的消费群很重要。年轻的父母重视对孩子的抚育，且婴幼儿的消费有连贯性，儿童用品专卖店的利润空间和获利的持久性也有一定的保障。

2. 选好店址

开店的位置选择在医疗保健单位附近或是小区尤佳。店面：一般可选择城市的二三类地段，50平方米左右的店面，装修设备只需突出个性和整洁明亮。

如果是小区经营方式，就要对所在小区的消费环境进行周密的分析，只有这样才能保障收益，降低经营风险。

(1) 当地的房价折射出当地的消费能力，即使有一些潜在的需求项目没有被开发出来，原因也可能是受当地整体经济水平和居民购买力的限制。

(2) 调查小区的住户年龄层以哪个阶段居多，包括近几年结婚的年轻人，三口之家，大概还会有多少的三口之家诞生，消费群体是否稳定。

3. 做好营销

(1) 商品力求全而新。婴儿用品商店首先要以齐全的商品来吸引顾客，以免妈妈们分别采购的麻烦。在商品的选择等方面，根据一些大型的商场或顾客的反映，及时更新换代。同时，还可依照客源、年龄段，对中高档产品进行合理搭配。

(2) 服务态度要友好。这是永远不变的商业信条。对待顾客，应提供力所能及的服务，比如为顾客提供选购意见，等等。

(3) 档次定位要明确。婴儿用品有诸多的品牌，应该遵守“名品进名店”的原则，根据店的定位，选择适合档次的产品，以迎合消费者的购买心态。

(4) 不要和小区内现有的消费项目形成冲突，能持续在一段时间内属于独家经营的状态，如果操作得好，先入者能够处于儿童用品专卖店的核心位置。

(5) 建立婴幼儿的档案，根据档案材料记载的资料做好售后服务或者销售跟进工作。在婴幼儿生日之际予以问候或者赠送小礼品，也可以开展电话销售，方便那些工作繁忙的顾客。

(6) 和小区的幼儿园建立一定的合作关系不仅可以在幼儿园张贴一些新产品宣传画，而且幼儿园本身也是直接消费者的集中地，幼儿园可以作为某些婴幼产品的分销商。

网上开店，C2C 时代的时尚挣钱法

调查显示，2003 年中国网络购物年交易量只有 10 亿元，2009 年已攀升至 500 亿元，预计到 2008 年年底，这一数字将超过 1000 亿元——中国的网购市场正在以每年 100%的复合增长率增长。

巨大的商机吸引了众多形形色色的小“掌柜”。他们足不出户，买家却遍及各地；他们的店铺不在临街闹市，却有人收入可观；他们用即时聊天软件谈生意，通过快递公司下单发货，需要的工具仅仅是一台电脑、一根网线。

他们出现不久，但发展迅速。根据互联网调查公司正望咨询的调查数据显示，截至 2008 年 9 月，在淘宝、拍拍、易趣三个 C2C 平台（消费者之间的电子商务）上开店的“掌柜”人数已达 117 万人。

“网店掌柜”的身份也五花八门，其中约 1/4 是在校学生、下岗待业或无业人员，甚至还有不少残疾人群。

在金融危机的背景下，很多应届毕业生也加入网店掌柜行列。毕业于陕西一所高校的学生张平刚刚注册了间网店，经营衣物和饰品。张平说她的网店虽然刚刚开始经营，但是现在每个月收入也能有 1000 多元，所以现在一时半会找不到工作也不怕了。当然，她还在继续找工作，这样就可以白天上班，晚上继续经营网店。

现在也有不少毕业生像她一样在毕业后就当上了网店掌柜，一些做得好的已经积累了许多经验，月收入能在 3000 元以上，他们现在根本不急于找工作了。

尽管网店越来越多，但“掌柜”们的收入却参差不齐。调查显示，网店从业者的平均月收入为 2080 元，但有 73.2%的人群月收入在 2000 元以下，月收入在 6000 元以上的人群仅占 1.3%。近九成的小卖家仅贡献了约两成的销售额。

你是否也想进入这一财富领域，开家网店。别急，尽管开网店成本少，上手很快。但没想清楚就下水，很可能会由于商品市场细分不对，定位不准，或思想准备不足，耗费了大量的精力，磨灭了网上创业的激情。所以在所有的动作开始之前，请先准备好以下工作：

1. 卖什么

先要明确什么商品适合在网上销售：网下买不到或者不容易买到的商品，新、奇、特商品最受欢迎；定价要比网下零售价便宜的商品（要包括邮费和包

装）；方便邮寄的商品超重超大的物品包装、运输不方便而且邮寄费也贵，不适合网上销售。

2. 卖给谁

销售对象必须是常上网的群体，这部分人通常在15~35岁。其实这个范围非常广，不可能做所有人的生意，你可以再次缩小范围，比如白领、学生、游戏族……

这里还有一个消费延续性的问题要预先考虑到，就是将来如果转行经营不同类别的商品（或者开分店），如何最大限度地保留买家资源。

3. 有何优势

现在网上开店竞争很大，仅在淘宝注册的网店已经有9万多间，如何在这些店铺中脱颖而出，做出自己的特色，这时你需要弄清楚你的优势在哪里。

（1）货源优势：如果你能很轻易地拿到外贸厂家的尾货、样品，那么尽管开网店吧，因为价格便宜、做工上乘、款式新颖的外贸服装最受欢迎，还没有囤货的压力。

（2）知识优势：如果你是摄影师，对于商品摄影经验丰富，在网上开卖用于商品摄影的器材，买家只要把情况一说，你就能给他推荐性价比最高的装备方案，还提供免费的售后摄影辅导，帮助买家节约费用的同时还消除了买家的顾虑，自然会受买家欢迎。

（3）个人努力：如果以上的优势你都不具备，但是你勤奋、努力，也是一大优势，货源可以慢慢开发，可以跑跑当地的批发市场，也可以上网直接找工厂，另外还可在亲戚朋友里找信息，在开店初期投入小部分资金交"学费"，这是走向成功的一条捷径。

知识链接

网上开店小贴士

1. 定位

你想卖什么产品，在这类产品中你又想做哪个档次的。你希望顾客到你店里逛过之后对你产生什么印象，你想做薄利多销还是走精品路线。这就是你的定位。找准定位是至关重要的第一步。

2. 适当的定价

充分的市场调研，合理的定价，会产生合理利润。

3. 营造专业氛围

一个良好的氛围可以体现你的专业精神。

第一步，店铺装修。千万别小瞧了装修。既不能搞得太花哨，也不能和别人雷同。太花哨了，让买家不知道从哪看起；而太平庸，当然就会被上万个店铺所淹没。

第二步，图片。顾客唯一了解你商品的渠道就是图片。光线、角度、色彩等都会影响到图片的效果。

第三步，专业详尽的商品描述。比如品牌介绍，尺寸、面料、材质、细节等。为买家提供更多相关的资讯和建议，更能让人感觉到你的专业和细致。

4. 及时详尽回复买家的问题

5. 最好的售后服务

售后服务是只招财猫。网上做生意跟线下一样，口口相传的良好信誉最重要。交易后要有完善的退换制度，出现问题要多从自己身上找原因，耐心处理。

6. 物品寄出后最好将包裹单扫描发给买家，让买家放心

尽量使用邮局快递或物流快递包裹，因为普邮太慢，会让买家担心，也会影响卖家信誉。

7. 及时有选择地开拓国际市场

8. 灵活的营销手段

适时购买推荐位，参加网站组织的各种促销活动，撰写指南，让更多的买家了解和接触到你的商品。也可以借鉴线下的方式，用积分卡等手段，维护好老客户。

第十二章　用别人的钱圆自己的梦

怎样用适当的贷款赚最多的钱

寻找最适合你的贷款，不光是有利于尽快还款和方便投资，精明的投资人还往往从一个合适的贷款中赚出钱来。根据贷款品种的功能，选择适合的投资方式，关系到你的投资是否能获取更高的利润。

从节省的角度来看，少就意味着多，所以一个原则是，要确保只支付你认为最有用的贷款产品开支。因而，你对与你的贷款相关的功能和开支了解得越多，就越容易寻找到最适合你的贷款。

有的投资者会想：虽然固定利率和浮动利率各有千秋，但从长线投资的角度讲，哪个利率会更好一些呢？很多专家的回答是：浮动利率更适合于房地产投资。

首先，一般来说，固定利率比浮动利率要高出很多，而你根本就无法保证浮动利率究竟在何时以及多大程度上超越固定利率。在选择给利率加锁时，其实你是在和市场打赌：一是利率一定上涨；二是上涨的幅度一定很大，令浮动利率超过固定利率。

其次，根据媒体公布的一项研究数据，从 1990 年 9 月~2001 年 4 月，平均固定利率为每年 9.38%，而平均浮动利率为每年 9.24%。若将浮动利率按 3 年为期计算，并与同期的 2 年固定利率相比较，固定利率的支出大大超过了浮动利率的支出。

为了从贷款中赚出更多的钱，你就需要选择功能灵活的贷款产品。贷款产品的功能是至关重要的，有的产品对多还款和再取款有若干的限制，这会滞后还款期。有时这类产品以较低的初始利率来吸引客户，一些客户只看到其表面利率，不了解其稳定性、功能及限制条件。选择功能灵活的贷款产品，使各种收入直接进入贷款账户，在第一时间冲掉本金、抵消利息，可以大大缩短还款期。你可以采取以下措施：

1. 首先偿还自住房的欠款

如果有两个以上的物业，一个自住、一个用于投资的话，要快归还自住物业的贷款。对于投资物业，由于贷款利息可以享受税务优惠，在正常情况下，只保证最低还款额即可。

2. 先付抵押贷款的所有先期费用

除了以现金付前期费用外，一些贷款机构允许你把前期费用加到你的借款中，虽然看上去很好，但应尽早避免。因为它意味着在整个还款期间，要多付许多的利息。

3. 将无抵押债权放在最后

如果你有几个贷款的话，当你的贷款账单累积起来威胁了你的还款能力的时候，你首先要做的是，排列债权人的偿还顺序，最好的策略就是将无抵押的贷款放在最后。不像拥有汽车或房屋抵押权的债权人，无抵押权人对付你的策略只能将你诉之法律，败诉的话，你会失去你的房屋。

4. 加快还款频率

最简单和最能减少还款时间和成本的方法，就是每半个月还款一次，也就是把你的月还款额分成两次，这样对你的可支配收入几乎没有什么影响，但却能很大程度地改变你的还款金额和还款时间。

5. 优化组合贷款

组合贷款，或通常所知的综合贷款可让你有一部分的固定贷款和一部分的变动贷款，这实际上就是允许你对利息率是否上涨和涨多少押宝。如果利息上涨，你可以知道你的一部分贷款是固定的，不会随之上涨；但如果利息率不动，你就可以利用变动贷款部分的灵活性尽快还那一部分贷款。

怎样办理个人小额短期信用贷款

如果你急需用钱而又觉得其他个人贷款办起来比较麻烦，这时你该怎么办？此时，你可以申请个人小额短期信用贷款。

个人小额短期信用贷款的贷款人是银行各开办个人小额短期信用贷款业务的分支机构。

个人小额短期信用贷款的期限、利率和限额主要有下列规定：

(1) 个人小额短期信用贷款期限在 1 年（含 1 年）以下。

（2）个人小额短期信用贷款利率按照中国人民银行规定的短期贷款利率执行，上浮幅度按照中国人民银行有关规定执行。在贷款期间遇利率调整时，执行合同利率，不分段计息。贷款期限不足6个月的，按6个月档次利率计息。

（3）个人小额短期信用贷款额度起点为2000元，贷款金额不超过借款人月均工资性收入的6倍，且最高不超过2万元。

（4）贷款可以采用到期一次性还本付息，也可采用分期还本付息的方式。经贷款人同意，借款人可提前归还贷款本息。

申请个人小额短期信用贷款的借款人需具备下列条件：

（1）在中国境内有固定住所、有当地城镇常住户口（或有效居住证明）、具有完全民事行为能力的中国公民。

（2）有正当的职业和稳定的经济收入（月工资收入需在1000元以上），具有按期偿还贷款本息的能力。

（3）借款人所在单位必须是由贷款人认可的并与贷款人有良好合作关系的行政及企、事业单位是否正确。

（4）遵纪守法，没有违法行为及不良信用记录。

（5）在中国工商银行开立牡丹信用卡或活期储蓄账户。

（6）与贷款人签订同意从其牡丹信用卡或活期储蓄账户中扣收贷款的协议。

（7）贷款人规定的其他条件。

办理这种小额短期信用贷款需要经过以下程序：

1. 借款人向银行提供资料

资料主要包括：

（1）贷款申请审批表。

（2）本人有效身份证件及复印件。

（3）居住地址证明（户口簿或近3个月的房租、水费、电费、煤气费等收据）。

（4）职业和收入证明（工作证件原件及复印件；银行代发工资存折等）。

（5）有效联系方式及联系电话。

（6）在工行开立的个人结算账户凭证。

（7）银行规定的其他资料。

2. 银行对借款人提交的申请资料审核通过后，双方签订借款合同

3. 银行以转账方式向借款人发放贷款

个人怎样办理质押贷款

个人质押贷款是借款人以合法有效、符合银行规定条件的质物出质，向中国工商银行申请取得的人民币贷款。

个人质押贷款因其办理时间短、手续简便、贷款额度高等特点正受到越来越多人的青睐。在我国，个人也可以办理质押贷款。

1. 个人质押贷款的申请条件

（1）在中国境内居住，具有完全民事行为能力。

（2）具有良好的信用记录和还款意愿。

（3）具有偿还贷款本息的能力。

（4）提供银行认可的有效权利凭证作质押担保。

（5）在工商银行开立个人结算账户。

（6）银行规定的其他条件。

2. 借款人申请办理个人质押贷款需要提交以下资料

（1）申请人本人的有效身份证件，以第三人质物质押的，还要提供第三人有效身份证件。

（2）有效质物证明。以第三人质物质押的，还须提供受理人、借款申请人和第三人签署同意质押的书面证明。

（3）银行规定的其他资料。

办理个人质押贷款时，银行经办人要验看申请人的身份证件、名章，《借款申请书》是否真实有效，质押物是否已被冻结等。

根据《个人质押贷款办法》规定，贷款期限在1年（含）以内的，采用一次还本付息的还款方式；贷款期限超过1年的，可采用按月（季）还息、一次还本，或按月等额本息、等额本金的还款方式。当借款人无法按借款合同约定如期偿还贷款本息时，银行有权处理质押物，用以抵偿贷款本息。

怎样办理抵押贷款

抵押指债务人把自己的财产押给债权人，作为清偿债务的保证。而抵押贷

款是指借款者以一定的抵押品作为物品保证向银行取得的贷款。

办理抵押贷款时能作为抵押品的通常包括有价证券、各种股票、房地产，以及货物的提单或其他各种证明物品所有权的单据等。

抵押贷款最基本的形式是动产抵押贷款和不动产抵押贷款。

动产抵押贷款是指以车辆、船舶、有价证券等作抵押品的贷款。

不动产抵押贷款是指以不动产作抵押品的贷款。能够作为抵押品的不动产主要有住房、仓库、办公楼、厂房及土地等。

抵押贷款到期，借款者必须如数归还，否则银行有权处理其抵押品，作为一种补偿。

抵押贷款一方面，使商品、票据、有价证券等提前转化为货币现款，这对于加速资本周转、刺激经济增长再生产，起到一定的作用。但是，另一方面，这种贷款容易造成虚假的社会需求，助长投机活动，因此，我国各大银行在对抵押贷款进行审核时都非常慎重。

办理个人住房贷款有哪些流程

办理个人住房贷款的整个过程大致分为三个阶段：

第一阶段，提出申请，银行调查、审批。

借款人在申请个人住房贷款时，首先应填写《个人住房贷款申请审批表》，同时须提供如下资料：

1. 借款人资料

（1）借款人合法的身份证件。

（2）借款人经济收入证明或职业证明。

（3）有配偶借款人须提供夫妻关系证明。

（4）有共同借款人的，须提供借款人各方签订的明确共同还款责任的书面承诺。

（5）有保证人的，必须提供保证人的有关资料。

2. 所购房屋资料

（1）借款人与开发商签订的《购买商品房合同意向书》或《商品房销（预）售合同》。

（2）首期付款的银行存款凭条和开发商开具的首期付款的收据复印件。

（3）贷款人要求提供的其他文件或资料。

第二阶段，办妥抵押、保险等手续，银行放款。

贷款批准后，购房人应与贷款银行签订借款合同和抵押合同，并持下列资料到房屋产权所辖区房产管理部门办理抵押登记手续。

(1) 购房人持夫妻双方身份证、结婚证原件及复印件。

(2) 借款合同、抵押合同各一份。

(3) 房地产抵押申请审核登记表。

(4) 全部购房合同。

(5) 房地产部门所需的其他资料。

房地产管理部门办理抵押登记时间一般为 15 个工作日。抵押登记手续完成后，抵押人应将房地产管理部门签发的《期房抵押证明书》或《房屋他项权证》交由贷款银行保管。

第三阶段，按约每月还贷，直到还清贷款本息，撤销抵押。

借款人未按借款合同的约定按月偿还贷款，贷款银行根据中国人民银行有关规定，对逾期贷款按每日计收万分之二点一的罚息。当发生下列任何一种情况时，贷款银行将依法处置抵押房屋。

(1) 借款人在贷款期内连续六个月未偿还贷款本息的。

(2)《借款合同》到期后三个月未还清贷款本息的。

申请汽车贷款应该了解哪些问题

怎样贷款购车才合算，需要走哪些程序，具备什么条件，这是每个想申请车贷的人面临的现实问题。各大银行在车贷政策上大致相同，下面列出一些参考，以便消费者寻找适合自己的最佳贷款方式。

1. 申请人条件

(1) 具有完全民事行为能力的自然人。

(2) 具有当地城镇常住户口或有效居留身份，有固定和详细的地址。

(3) 有正当的职业和稳定的收入，信用良好，具备偿还贷款本息的能力。

(4) 持有与汽车经销商签订的汽车购买协议或合同。

(5) 已支付不低于首期付款数额的购车款，并以愿购车辆作为抵押。

2. 贷款额度

(1) 以贷款人认可的有效权利质押或银行、保险公司提供连带责任保证方式的，贷款最高额不超过质押物面额的 90%或购车费用的 90%。

（2）以所购车辆或其他经贷款人认可的财产抵押申请贷款的，贷款最高额不超过抵押物价值的70%。

（3）以除银行、保险公司以外第三方保证方式申请贷款的，贷款最高额不超过购车费用的60%。

3. 贷款期限

本贷款期限一般为3年（含），最长不超过5年（含），如采用贷款到期一次性还本付息的，贷款期限控制在一年（含）之内。

4. 贷款利率

本贷款利率原则上按照中国人民银行规定的同期同档利率执行，如遇贷款利率调整，贷款期限在1年（含）以下的，执行合同利率，不分段计息；贷款期限在1年以上的，实行分段计息，于下一年度1月1日开始，执行同期同档贷款新利率。

5. 还款方式

个人汽车贷款的还款方式和住房贷款类似。常见的也是两种：一种是等额本息还款，另一种是等额本金还款。可以申请提前归还贷款本息，也可申请贷款展期。不过只能申请一次展期，展期期限不超过一年。

贷款购车要注意什么

陈先生是位IT业的软件工程师，收入颇丰。刚参加工作两年的他就通过房贷解决了住房问题。紧接着陈先生想通过车贷买一辆宝来。陈先生打算选择首付20%，五年内还清贷款的付款方式。

[专家建议]

购买捷达，并且将首付提高到50%，还款期限没有变化。

[建议原因]

陈先生收入虽然高，但是参加工作时间不长，因此购买捷达同样可以满足他的需求，而且更切合实际。至于将首付由20%调整为50%，这是因为陈先生还有还房贷的担子。提高购车时的首付比例，每个月的车贷月供就可以减轻，陈先生不会因为同时还高额的房贷及车贷产生资金压力。

[专家观点]

贷款时最需要的是理性贷款，量力而行。拥有一辆车后，要考虑到每月的油费、停车费、过路过桥费及日常保养维修费。这些开支每月至少也要七八百元。如果贷款买一辆20万元左右的车，月付2000元到4000元不等；买一辆10万元出头的车，三年还款月付也要2000余元。因此车主一定要考虑到自己实际的经济承受能力。

使用信用卡也是一笔现金流

如今，越来越多的持卡人开始使用信用卡的透支功能，来缓解暂时的资金紧张。但是，信用卡免息期大多较短，透支额度有限，而市场上的消费诱惑却很多。如何最有效地使用信用卡，便成为不少持卡人关心的问题。在此，银行理财专家给出了一些建议。

1. 信用卡不仅仅是消费卡

信用卡可以先消费后还款，根据申请状况透支3000元~2万元。如果将信用卡仅仅当做消费卡，那就太浪费了。有时你急需大额资金，可以利用信用卡进行短期借贷，如“预借现金”和“抵押借款”；银行为鼓励刷卡消费，常推出多种优惠或是抽奖，再加上联名卡提供的回馈积分方案，你又可以省下一些花费；充分利用好信用卡的免息还款期和商户联名功能，你甚至可以“赚钱”。

2. 使用好信用卡的循环额度

办卡时银行会依你的信用和财力状况核准信用额度给你，你可以把这个额度当成是银行核给你的随身零用金，刷卡时就从这零用金额度里扣除，等账单来时如果全额还款，就不用付利息，同时你的零用金额度也会回复。

3. 免息期限要尽量用足

信用卡都有免息期，也就是银行为鼓励消费给客户提供的可以延迟付款的优惠，既然是对自己有利的事情当然要充分使用。可以先跟银行签订一个全额还款的账户，日常消费就使用信用卡，如果手里有两张以上的信用卡，就可以利用各卡不同的结账日来拉长还款时间。白白用银行的钱买自己需要的东西，而自己的钱却可以在免息期内做投资为自己创收益，至少还能为自己赚点活期利息，这样也会聚沙成塔、积少成多。

因为客户刷卡消费的时间有先后，所以享有的免息期长短不同。以中国建设银行广东省分行推出的龙卡信用卡为例，其银行记账日为每月的20日，到期还款日为每月的15日。也就是说，如果你是8月20日刷的卡，那么到9月15日为止，你最多享有25天免息期；但如果你是8月21日刷的卡，那么你可以享有最长55天的免息期。

4. 利用免息分期付款服务

现在几乎所有商业银行都推出了信用卡免息分期付款服务。持卡人在进行一次性大额购物或服务消费时，可将付款总额分解成若干期数（月份），只要在每期（月）按时偿还当期款项，就不必承担任何利息或手续费用，尤其“有利于”持卡人在电器大卖场及品牌专卖店消费时用。此外，一些银行的信用卡分期付款服务具有双额度、双免息、独立分期付款等特色，更有助于持卡人解决临时的大额资金问题。

知识链接

使用信用卡要注意哪些误区

使用信用卡可以享受到“免息”的便利，但这并不意味着信用卡就是免费的午餐，它是“双刃剑”，使用得当可以带来收益；使用不当同样会带来损失。以下是使用信用卡常见的误区。

误区一：信用卡是“免费午餐”。

使用信用卡享有免息的便利，那是不是就不需交纳其他费用了呢？首先，目前使用各个银行的信用卡都要支付一定的年费，费用从40~260元不等。每家银行还会根据卡的级别制定不同的透支额度，同时也收取不同等级的年费。其次，持卡异地存取款也要收取一定的手续费。许多信用卡在提取现金时也要收取3%左右的手续费。所以，信用卡并不是“免费午餐”。

误区二：免费卡“不办白不办”。

现在有些信用卡年费打折，刷卡送年费，甚至干脆免年费，还有开卡送礼等促销活动。这不免让人心动，有人一办就是好几张。不过拿到促销礼物之后，就把这回事丢在脑后，卡片也不知所终。

信用卡与借记卡的一个明显区别是：银行可以直接在卡内扣款。如果卡内没有余额，就算作透支消费。免息期一过，这笔钱就会按18%的年利率“利滚利”计息。100元一年的利息至少18元。如果一直不交，就被视作恶意欠款，严重的还会构成诈骗罪，引起刑事诉讼。

所以，千万不要以为免费卡真是那么好拿的。如果不想继续持卡，就需要主动向银行申请注销，有的银行还规定，注销申请必须以书面形式。

误区三：能像借记卡一样提现。

一般不要用信用卡取现金，除非是在万不得已的情况下。银行发信用卡，主要目的是让客户多消费，赚取更多佣金，如果客户用现金消费，银行就赚不到钱。所以，信用卡的通行惯例是，取现要缴纳高额手续费。有些银行的取现费用高达3%，取1000元，要缴纳30元给银行。

即便是为了应急，取现后也一定要记得尽快还款。因为各家银行普遍规定，取现的资金从当天或者第二天就开始按每天万分之五的利率“利滚利”计息，不能享受消费的免息期待遇。这也是信用卡与借记卡的重要区别之一。

误区四：提前还款很保险。

有些人觉得每月还款太麻烦，或者怕自己到期忘记还款，索性提前打入一大笔款项，让银行慢慢扣款，而且需要钱的时候还能取款。其实这是不明智的做法。因为存在信用卡里的钱是不计利息的，等于你给了银行一笔“无息贷款”。

更为重要的是：打入信用卡的钱，进去容易出来难。有的银行规定，从信用卡取现金，无论是否属于透支额度，都要支付取现手续费。所以，除非预计即将发生的消费将大于透支限额，最好不要在信用卡里存放资金。

误区五：人民币还外币很方便。

现在双币信用卡比较流行，许多人看中了“外币消费，人民币还款”的便利。其实，这种便利也许没有想象中那么简单。各家银行对购汇还款的服务有较大差别。有的银行只接受柜台购汇，持卡人必须到银行网点现场办理购汇，然后打入账户还款，也就是说，只要消费了外币，还款必须到银行柜台办理。

有些银行能够提供电话购汇业务：先存入足额的人民币，然后打电话通知银行办理。不过，如果到期忘记通知，即使卡内有足额人民币，也不能用来还外币的透支额。

招行和建行提供的自动购汇业务比较便利。持卡人可以委托银行自动从关联的人民币账户中到期自动购汇还款，给客户带来了很大的便利。

第十三章　避险有道，不再惧怕通货膨胀的威胁

想要避开风险，先从学习免费投资知识开始

你想靠投资赚钱吗？了解经济运转的情况，阅读财经报纸，并把重要的情报记录下来，这是最好的方法。

假设你的积蓄有 500 万元，这时，你最想做什么呢？"有这些钱的话先去买一间房子，还有多余的钱就投资一点股票，好好孝敬一下父母，然后再把钱存到银行里。"像这样想的人有很多很多。

如果你也是这样想的，接下来要考虑的是，应该在哪里买房子？买多大面积？买什么样的房子？万一买房子要贷款的话，银行利息是多少？到那个时候，制订什么样的还钱计划才能一下子就还清？万一几年之间银行利息上涨的话，又该怎么解决？

还有，买什么样的证券？投资多少钱？为什么想买？这些你都知道吗？要是买证券的话，还要知道相关企业的商业价值有多少，近来的利润是多少，这些你都能估算出来吗？事实上，这些都不是很简单的事，恐怕不是一天两天就能弄清楚的。

天上没有掉馅饼的好事，就算是偶然遇到了，不知该怎么花钱的人也有很多。也许你会为了赚更多的钱，反而让手上的钱飞走了。事实上，大部分中了彩票的人在过了不久后，又重新回到穷光蛋的生活。

1. 多学习经济知识，能让你避开风险

我们假想一下，一周后存折里有 7 万元，你会怎么安排这些钱呢？可能最先想到"最近哪个银行的利息最高？"7 万元的利率要是 4%，定存一年会有利息人民币 2412.71 元。购买股票的利润是要比把钱存到银行高很多。但在购买时，常常听到别人说某只股票一定会涨，于是贸然投资，最后不知怎么的，竟

然失败了，损失惨重甚至血本无归。想到这样的结果你难道不会害怕吗？

所以为了进行投资，你必须先把经济运行的规律摸清楚：最近金融市场上新出来的商品是什么？这些商品有什么特别的优势？什么样的公司运作情况较好，股票能上涨？什么样的企业正在兴起？这些都要弄清楚，才能靠投资赚到钱。

2. 为了赚钱，一定要养成看财经报纸的习惯

为了熟悉经济知识，最有效的方法就是养成每天看新闻和读报纸的习惯。把看电视剧的时间节省下来看新闻，并且每天看报纸，可能你会觉得这些事太简单了，但做起来却并不简单，枯燥难懂的经济学用语可能会让你头痛，报纸上密密麻麻的字也会让你产生压迫感。

但毅力是让你成功地走上有钱人生活道路的秘诀。为了投资股票，你要开始关心政府政策，要把读报的习惯坚持下去，这样会使你了解经济运行的规律。如果连这些努力都不想付出的话，你是无法从股票里获得利润的。

看财经报纸最好利用坐地铁或者搭公交车的时间。上下班的时候坐地铁的人会有很多，你可能会想："这里拥挤得连呼吸都困难，怎么看报纸？坐着睡一会儿才是最舒服的！"可是只要比平常早出门20分钟，就可以避免严重的交通堵塞，还能在很宽敞的空间里看报纸呢！

刚翻开报纸时你可能不知道从什么地方开始看，怎么看；不知道它在说些什么，或许对它一点兴趣都没有，这都是很正常的。此时，不妨幻想自己喜欢的男人在旁边深情地注视着你，或试着在陌生男人面前装成一个很神气的女人。

这样努力，只要坚持一周，你就能慢慢地感觉到经济就在你的身边，也能感觉到资讯真的能变成钱。这时你就不会觉得看财经报纸很闷了。如果这样坚持1年、2年……10年，你就能变成"经济通"了。

3. 用笔记本和博客，把重要资讯记下来

从现在开始用魔法把你变成大企业董事长的秘书吧！你的主要工作就是，每天早晨读完经济类的报纸后把重要的资讯勾起来，然后再拿给董事长看。虽然头一次看的时候会很辛苦，很累人。但是长此以往、日复一日坚持下来的话，你慢慢地就能判断什么是比较重要的新闻，而且不知从什么时候开始就舍不得丢掉报纸了。

这个时候你可以去买一个小笔记本把重要的事情记下来。若想要把笔记本做得很好看的话一定会觉得很有负担，所以只需要把重要的内容给剪下来夹着，或者把特别重要的内容给记下来就行了。读报纸的时候会感觉时间过得很快，飞一般地流逝，可是过了一会儿后还是会忘记一些重要的内容，所以一定

要随时把重点内容记下来。

自己做一个个人记事本是不错的，但是利用电脑会更为方便。你只要去网络上申请一个个人博客，只为自己而设的。在上面写写个人日记，或是把重要的照片传上去也很好。把这些重要的事件、故事放在博客上，总有一天会有用得到的地方。当然也得把有关经济的情报写上去喔！

这可是不用花钱就能把自己的记录存放一辈子的事。这不是为了让别人看而做的，而是为了自己的一生而做。不管什么时候，在网络上一定能遇到关心自己的人，还能把自己的想法传递到世界上的其他人。

刚开始想学理财的年轻人，也许对于这样的经济原理不是很能理解。其实对于理财的学习，也同学习英语和数学一样，只有靠努力地学习、慢慢地累积才能取得好成绩。

上班前，你可以一边化妆一边听新闻，下班的时候在地铁或是巴士上，你也可以读一读报纸上那些有关“经济社会是怎么运作”的话题，这样你就能很容易地学会经济方面的知识。如果你有多余的时间，就多参加一些由金融机构主办的相关课程，适当地学习一些关于经济周期或是其他有关经济原理的课程，这也是一个学习方法。

知识链接

你一定要知道的经济名词

在那些冷僻的经济类词语中，可能大多数你都不知道它们的意义，可是对于“利息”这个名词，你难道不觉得格外熟悉吗？“利息”的意思不就是多出来的钱吗？

假设你的每一个朋友都很有钱，意味着他们的结余资金都很多，当你急需资金的时候，也许他们会很乐意，二话不说就借给你。但如果你在向一个朋友借钱的时候，他向你提出了加一点点利息的要求，你一定会觉得这朋友太没有人性了，也许会越想越生气，转而另找一个不会向你要利息的朋友去借钱。因为对你而言，要找到一个能提供资金给你又不收利息的人是很容易的。

如果现实中的情况是这样那该有多么好啊！可是现实就是现实。就像你生活艰苦的状况一样，你的朋友也过着艰辛的生活。虽然你很需要资金来应急，但是你周围的朋友也可能同样需要钱。像这样东奔西走地借钱，到最后还是只能去向那些财务公司借钱，他们的利息可是高得吓人。

如果在市面上流通的资金多了，钱币的面额就会贬值，利息也会降得很低；相反地，如果资金流通减少了，钱币也自然就会升值了，利息也会随之上升的。

除了“利息”以外，我们还得要知道的名词是“需求”以及“供给”。假设多余的钱是“供给”，那么你所需要的钱就是“需求”。如果供给超过了一定的限度，那么钱币就会贬值，利息也会减少；假如需求大，钱币就会升值，利息就会上升。

如果1997年年底的亚洲金融危机没有爆发，也许我们的生活就不会像现在这样了。从前韩国的银行提供超过10%的高额利息，在爆发了金融危机以后，从2000年开始，银行的利率下降了5%。这也导致了现在存在银行里的资金流动得很厉害，使得股票及不动产的价格被炒得很高的情况。

因为不动产价格上升的速度太快，所以为了调控市场，政府就把贷款利息提高了。这让那些贷款买房子的人们，因为高额的利息感到负担很重，因此不动产市场就开始萎缩了。所以到现在为止，韩国的不动产正处于比较稳定的状态。

还有一个需要了解的名词就是“债券”。如果你预估到贷款的利息将会被下调，马上转而投资债券，那可能会赚到比预想中还要多的钱。在利息从20%很快降低到5%的金融危机期间，那些投资债券的人，所赚到的利润是他们最初投入本金的几倍甚至更多。

你难道不会这样想吗：“要是早一点出生，再努力地存钱，在预期利息要降下来的时候，把那些钱投资到不动产、股票或者是债券，现在自己可能已经变成了年轻有为的富婆了！”

参考资料：《理财：女人变有钱真简单》

家庭理财也有“堰塞湖”，避灾意识很重要

“堰塞湖”一词曾经频频出现在关于汶川地震的报道中，堰塞湖一旦决口会对下游形成洪峰，处置不当会引发重大灾害。由此我们也想到了家庭理财中的“堰塞湖”现象。

1. 家庭理财中的第一个“堰塞湖”就是盲目投资

有位年轻人，曾经意气风华，精神十足，最近，突然变得精神萎靡。原来他深受盲目炒股之害，看到别人炒股都发了财，便倾其所有，按照“什么便宜买什么”的原则买一只低价的ST股票。当时他连这只股票是什么行业、业绩如何均一无所知，甚至连ST到底是什么意思都不知道。结果不足半年，股价已经跌了60%。

其实，这位年轻人的教训警示我们。首先，要有避灾意识，冲动是家庭理财最大的魔鬼，不要认为别人都赚钱，自己也一定能赚钱，投资之前一定要慎重。有投资大师说，买入股票能和卖出股票一样仔细斟酌的话，赔钱的概率会下降很多。其次，已经发生灾害之后，事实上已经形成了“堰塞湖”，坐在家里等待只能死路一条，应当怎么办？最好的办法就是和救灾人员处理“堰塞湖”一样尽快导流，也就是在专业人员的指点下，把手里的不良股票进行分流或转换。前段时间有些5000多点买入而被套的股民通过及时转换股票，踏准市场节拍，结果不但化险为夷，还有所盈利。

2. 家庭理财中的第二个“堰塞湖”就是盲目负债

现在有人把负债当成一种时尚。其实，盲目过多负债也会形成一个家庭理财的“堰塞湖”。比如盲目高负债购房，万一房价出现下跌，借款人一边要承担高额贷款利息，一边要忍受房价缩水的亏损，这也和头顶的“堰塞湖”一样，风险是相当大的。因此，贷款消费一定要根据个人的还款能力，量力而行、科学负债。

3. 家庭理财中的第三个“堰塞湖”就是热衷透支消费

目前有些年轻人热衷使用信用卡透支消费，认为这是“免费午餐”可以尽情享用。需要提醒大家的是，银行卡透支是要还款的。如果无度透支消费，到期无法偿还透支款，轻则会被银行加收高额罚息，重则还有可能被公安机关以涉嫌恶意透支进行调查。

朋友，你在家庭理财中是否也遭遇到过“堰塞湖”现象呢？无论什么时候，别忘了避灾很重要啊！

知识链接

如何保证家庭财务不受危机的侵犯

“前方吃紧、后方紧吃”。如何保证家庭财务不受危机的侵犯呢？理财专家给出了以下建议：

1. 保证现金流

职场人应该给自己和家庭留一笔紧急备用金，一般为家庭3~6个月的固定生活费和房贷的必须支付的消费，以预防因为职业的变化，使自己和家人的短期生活出现困难。

对于平日一些不用的零散的，特别是对生活影响不是太大的资金，不妨考虑以定额定投的方式，收集起来后进行投资。不要小瞧这方式，定额定投不仅仅可以规避短期市场波动带来的不稳定风险，摊低投资成本，而且可以让我们养成积少成多的强制储蓄的好习惯。以后无论自己的退休养老规划，还是子女教育金的筹集，这些定额定投的投资可能会大大帮到我们。

2. 改变消费习惯

金融危机下尤其要理性消费，能不花钱绝对不花，能少花钱绝不多花，一定要买的也多想想，如何可以买得划算买得精明。同时要特别谨慎使用信用卡，对于那些习惯了先消费后还钱，常常刷爆的用卡一族，要克制信用卡的使用，同时一定要在还款期限之前还清债务，避免延期产生的额外债务。

3. 慎言退保

购买了保险的客户，不到万不得已，不建议退保来套现应急，因为保险的作用是为我们转移风险，越是经济困难时期，我们越是无法抵御因为很多不确定的因素给我们带来的种种风险和冲击，从而极大地影响我们的个人和家庭生活。况且，对于很多长期寿险的保单，退保会让我们损失很多前期所交的保费。如果一些短期急需要资金者，可通过保单短期质押取得。用比较优惠的利息进行贷款周转。不过对于那些激进的投连险账户，不妨考虑退保，也可以将账户进行修改，从激进账户转为稳健账户，等待时机的好转。

清理造成资产流失的漏洞

看到“资产流失”这几个字眼，人们首先想到的是国有资产的流失。其实，在生活中，只要稍不小心，家庭资产就会不知不觉地流失。理财专家提醒

你，在财富时代，及时清理造成你资产流失的漏洞吧！

中国家庭资产流失的主要领域是以下几个方面：

1. 因豪华住宅背上沉重负担

很多人可能都有这样的经历：你在自己的小屋里向外眺望城市中丛林般的豪华大厦，然后发出一声感叹：怎么没有一间房子是我的？其实，买房子的人大部分也是在贷款，豪华住宅的背后，有的家庭不但投入了全部积蓄，而且还背上了债务，大部分家底都变成了钢筋水泥的不动产，导致家庭缺少投资的本钱或是错失投资时机。

2. 股市缩水几千亿元

中国股市十二年的发展成绩斐然，按较保守估计，中国股市的实际参与者至少应在 2500 万户左右，涉及近亿人群，这其中不乏数量庞大的新兴的中产阶级。但是从 2001 年下半年以来，中国股市陷入了长达一年半的下跌和疲软状态，到目前为止根据这十二年来的相关统计，股市中共投入资金约为 23000 亿元换成了股票的资金，因为股价下跌、缴纳各种税费等，如今的证券市场的流通市值只剩下了 13000 亿~14000 亿元。也就是说十二年来股市黑洞共吞噬了近万亿的资金，如果排除其他资金损失，那么中国普通老百姓家庭的资产在股市上至少流失了数千亿元。

3. 储蓄流失增值机会

储蓄本来是中国人保值增值最普及的手段，怎么会成为中国家庭资产流失的主要领域呢？这主要体现在两个方面：

（1）“过度”储蓄。善于储蓄是美德，但是一旦“过度”也将误入歧途。做个简单的测算，中国人的 8 万亿元储蓄存款，如果相对于同期的国债之间 1%左右的息差，考虑到存款的利息税和国债的免税因素，那么中国人放弃了每年资本增值 800 亿元左右的潜在获利机会，其实对大多数人来说防止这类流失的方法很简单，只需要将银行储蓄转为同期的各类债券就行了。目前交易所市场和银行柜台市场都可以很方便地完成这类交易，而且流动性也很强。

（2）“不当”储蓄。一样的存款要获得不一样的收益，存款的技巧很重要。有的家庭由于缺乏储蓄存款的知识，不懂得存款的技巧，使存款利息收入大大减少。比如：如果你想存活期或定活期两便，那还不如存定期三个月，并约定自动转存。这种存法安全方便，利息又高。因为定活两便存款支取时，利率按定期一年内同档期限打六折计算。这样，定活两便存款即使存够一年，按一年利率打六折也低于定期三个月。

4. 过度和不当消费

“过度”与“不当”消费也会让家庭资产流失。所以，花钱买的是什么，一定要想清楚。过度和不当消费又可分为以下几方面：

（1）“情绪化”消费或“冲动性”消费。例如，看到打折就兴奋不已，在商场里泡上半天，拎出一大包便宜的商品，看似得了便宜，实际上买了很多并不需要或者暂时不需要的东西，纯属额外开支。特别是在对大件消费品上，比如楼盘、汽车、高档家电的一时冲动，往往还会“过度”消费，不仅造成家庭财政的沉重负担，而且导致家庭资产的隐性流失。

（2）“炫耀”消费。为了“面子”而不是需求的消费，在消费上总喜欢跟别人较劲，人家花的我也要花，不论有没有必要。

（3）“愚昧”消费。尤其是在农村，这样的“愚昧”消费情况更为严重。一些人为了盼发财、保平安、求升官，也不惜花费大量的钱财，去抽签算卦、去烧香拜佛、做道场、请神汉巫婆、修坟墓、建庙宇，如此等等。辛辛苦苦赚的钱，就这样在“愚昧”消费中流失了。还有其他的所谓“赌气”消费、“畸形”消费、“超前”消费、“节日”消费等。

5. 理财观念薄弱

目前，有些家庭对于理财还未树立正确的观念，也不注意各种细微的节约，例如使用信用卡时造成透支，且又不能及时还清，结果必须支付高于存款利息十几倍的循环利息，日积月累下来，债务只会如雪球般越滚越大。家庭资产的流失在很多时候都是隐性的，对钱财一定要善于监控管理，节约不必要的支出，不断地强化理财观，让资金稳定成长，只有这样才不会在不知不觉中失去了积蓄钱财、脱贫致富的好机会!

以上的几个方面是家庭资产流失的“重灾区”而且具有相当大的普遍性。

家庭资产流失很多时候都不显山露水，但只要稍微一放松就可能造成家庭资产的流失，要不断地强化理财意识才能成功积累财富。

第四篇

☞ 理财升级篇

第十四章　实物投资的首选

——房地产投资

买房不可忽视哪些问题

房子越建越多，关于房屋的各种问题也开始接踵而置：房屋漏水、墙体脱落、房产纠纷……因此，购买房子之前，一定要注意以下几大问题：

1. 选准看房时机

一般来说，阳光明媚是看楼的好天气，这个时候，你应该到你喜欢的房子里去瞧瞧，首先看户型是否合理，通风是否良好，朝向景观如何，设备是否齐整好用；其次考虑一下夕照是不是很严重，夕照严重的房子会让你整个夏天差不多浪费掉一个房间。雨天也得去看看。关于市政配套，首先就是交通问题，然后是水电、煤气、暖气，肉菜市场等。

2. 要学会对比

如果想要买到合意又便宜的房子，货比三家是少不了的。如果通过房屋中介来买楼，可以要求多提供一些房源来比较，每个房源最好都参照第一条去“眼见为实”一下，再列一个表格比较优劣，找出最合适自己的那一套来。如果是自己找房子就利用一下互联网，到专业网站去多找些选择对象。

3. 要查清楚房子的产权问题

在签订合同之前千万别忘了查清楚房子的一些问题。首先要求卖房者提供合法的证件，包括身份证、房屋所有权证、土地使用权证以及其他证件。其次要到当地房地产管理部门查验房屋的产权状况，包括是否真实有产权，产权证上的记载事项是否真实，以及房屋是否属于禁止交易的房产，若房产已列入拆迁范围，或被法院依法查封，则房屋所有权人进行交易的行为是无效的。最后要对欲购房产进行详细了解，如抵押贷款合同的还款期、利率、本息，房屋租赁协议中的租金、租期等问题，当然身份证的真假也不可不分辨清楚。

如何巧用房贷，由“房奴”变“房主”

现在，越来越多的人加入到贷款购房者的行列。因房子而为银行“打工”，已是无法改变的事实。那么，如何巧妙地利用银行房贷方式为自己解忧，由“房奴”变为“房主”呢？

1. 选择适合的还款期限

一般而言，贷款购房，还款年限选择15~20年较为适中。若贷款年限过短，还款压力较大，一旦工作发生变更可能导致无力还贷。但如果预期自己未来收入会大幅增长，则不妨选择较短的还款期限，这样可少付利息。若有住房公积金的，在购房时能用多少公积金就尽量用。就算工作不久，公积金较少，能用则最好用，这样也可少付利息。

2. 选择变种房贷

变种房贷有两种方式：

（1）宽限期。贷款发放后，在合同约定的时期内，只需每月支付利息，暂不归还贷款本金。待宽限期结束后，按合同约定的等额本金或等额本息方式还本付息。

（2）存贷通。建立一个“存贷通”账户，超出5万元以上的存款，银行按比例视为提前还款，以减少你的利息支出。一旦急需，可提取“房贷理财账户”中的所有款项。

3. 选择移动组合房贷或入住还款法

26岁的甜甜活泼漂亮，老家在外地，她是一位自由职业者，和别人合住在一个50多平方米的老房里。平时专为市区几家大的医药公司跑销售，收入不稳定，高时月薪过万元，低时月薪两三千元。因花钱大手大脚，她常常不到月底就身无分文，是个典型的“月光一族”。甜甜想要买房了，可手中能用的资金没几个，她后悔没有在有钱的时候给自己留点备用金。

对于“月光一族”来说，要想成为房主而非房奴，入住还款方式可以降低交房初期的经济压力。还款人可以申请从贷款第一个月开始，与银行约定一个时间段，仅偿还贷款利息，无需偿还贷款本金，约定期满后，再开始采用等额本息或等额本金的还款方式归还贷款的本金和利息。如果购买的楼盘是期房，用这种房贷方式，还可以避免购房者过“一边交着房租，一边交着月供”的生活。

不过，需要提醒的是，这种“只还息、不还本”的最长时间不能超过12个月，但也不能低于6个月。期满后，购房者需按照事先与银行约定的等额还款方式或等额本金方式还款。

知识链接

“以房养房”是否划得来

刚刚毕业两年的陈先生买了一套50多平方米的房子，房子到手之后陈先生就去找了几家房产中介，把房产挂牌“出租”。

“半间卧室自己住，一室的出租。”才到手的房子，为什么选择跟别人合住呢？原来陈先生毕业不久，目前月收入2000元左右，如果每月要负担按揭还贷，还要应付日常生活开销，比较吃力，所以出租另一半房屋，实现“以房养房”，可减少还贷压力。

现在这种“以房养房”的房产投资方式在各地已蔚然成风。

“以房养房”是否划算呢？理财专家认为，原则上来说，如出租房产年收益率高于银行按揭贷款利率，则应出租，反之则出售。

例如一套建筑面积30平方米左右的老式住宅，目前市值估价为24万元左右。如果以月租金750~800元出租，那么一年的租金收益为9000~9600元，年租金收益率为3.75%~4%。从这一点，我们不难得出结论：出租后的收入，超过银行贷款利率是有一定难度的。而且租金收益要受到市场供求关系和定价的影响，但新买的房子每个月银行贷款是固定的，也就是财务上的“收入不稳定而支出刚性”。按照上述计算结论，“以房养房”是不如“卖房款存银行”的。

但是，这个例子是没有考虑到二手房本身的价值增长，如果算上房价未来的上升空间，就是另外的结果了。

房地产投资的原则是什么

投资房地产，一般来说，主要有三种投资方向，即投资写字楼、投资商铺、投资二手房。对于这些不同方向的投资，有不同的投资原则，下面我们分别来看一下。

1. 写字楼投资三原则

原则一：选择区位要准确。因为房产的增值主要来源于土地的增值，而只有城市的主中心区土地的稀缺性才显得突出，增值空间才大。而且城市主中心区位资源优势得天独厚，人流、物流、信息流、资金流汇集，商机勃发。是否位于城市的主中心区，是衡量一幢写字楼的档次和是否具有投资价值的首要因素。

原则二：楼房品质要高。写字楼的品质至关重要，它包含了很多方面的内容，如交通的便利程度、能否四通八达，停车场的设计是否合理，房屋的结构布局是否适用、采光通风是否良好等，都需要逐一比较、现场观察、实地感受。

原则三：配套服务要完善。一流的硬件设施，只有与一流的服务相匹配，才能更加焕发光彩。在配套服务方面，要着重考察信息化配置和智能化配置，如外部宽带接入、网络系统的配置程度与可变性等。物业管理的好坏也是决定你的投资能否保值和增值的至关重要的因素。要考察物管公司的品牌和社会口碑，关键是看该管理公司能否做到严谨、安全、细致、周到、快捷等。

2. 商铺投资三原则

原则一：良好的地段。地段是决定商铺是否值得投资的第一要素。地段决定了人气，如果地段好，即使价格稍微贵一点也是值得投资的。

原则二：人气。对商铺来说，最有人气的地方才最有价值，这是商界亘古不变的定律。传统商业区人气最为旺盛，各方面设施完善成熟，但一般成本较高；而一些新兴的商业中心，购物环境相对宽松，人气也在逐渐旺盛起来，投资这些新兴的商业中心，成本相对来说要低，升值空间更大。

原则三：准确的市场定位。准确的市场定位可以大大提高投资的回报，比如“电脑一条街”、“餐饮一条街”等，找准市场定位可事半功倍。在社区商铺投资方面需要重点看三个方面：一看周边商业网点是否稀缺；二看人流是否大；三看开发商是否善于商铺的经营。

3. 二手房投资三原则

做二手房投资时要多了解市场的价格走势，多看几个小区的房源及其周边环境，然后根据自己的投资计划，选择一套比较有升值潜力的房源。一般来说，有升值潜力的房源并不是指当时看起来就很完美，而是未来具有较大的升值空间。投资二手房时应注意以下三个原则：

原则一：考察房屋结构。考察房屋结构，主要看户型，如果户型太老，设计明显不合理，那么以后很难出租或转卖。另外要考察房屋质量，如管线是否太多或者走线不合理，天花板是否有渗水的痕迹，墙壁是否有开裂或者脱皮等明显问题。

原则二：考察配套设施。投资二手房不外用于出租或者转卖，要想房子好出租，必须考虑到这套房子一些必备的生活设施以及周围的交通情况，如暖气管道、水、电、天然气管道等。转让的话还得考虑整个小区的配套设施、周边环境，只有配套设施好，房屋升值空间才会大，转让才能获利。

原则三：摸清房子的装修状况。许多购房者在看房过程中，都会发现房屋刚被简单装修过。其实，这种粉刷往往掩盖了房屋本身的一些瑕疵或缺陷，比如，墙壁上的裂缝、天花板渗水的水印和返潮发霉的痕迹。还有些房主以前装修时，对房间的结构、设施设备进行了一些改造，卖房时，还把它作为抬高价格的筹码，但是有些改造存在着安全隐患。对于这些问题，一定要在签订协议前全部协商好，免得事后难办。

知识链接

物业纠纷主要有哪些

物业管理，是指物业管理企业受物业所有人的委托，依据物业管理委托合同，对物业的房屋建筑及其设备，市政公用设施、绿化、卫生、交通、治安和环境容貌等管理项目进行维护、修缮和整治，并向物业所有人和使用人提供综合性的有偿服务。物业管理的好与坏，直接关系到我们的日常生活，有些时候往往因为一点小事情就会和物业公司纠缠不清，不断出现纠纷。下面是我们常见的几种物业纠纷：

1. 小区之间如何划分

在小区与小区之间，通常会因为道路等引发小区划分问题，进而导致业主与物业公司之间的纠纷产生。

2. 小区的公共设施谁做主

有时候，小区物业为了能赚取一些利润，往往将小区的停车场、底楼商铺、会所等出售给个人，这样这些设施就不是公共设施而是个人财产了。因此，业主们不禁要问：小区公共设施谁做主？

3. 物业公司与开发商的关系

其实，开发商与物业之间的关系通常是上级和下级的关系，这样就导致在验房、收房的时候，物业公司并不会为业主把质量关，为日后的物业纠纷埋下了隐患。

4. 物业费如何能顺利收取

目前的小区物业管理费确实是名目繁多，让许多业主不明白，为什么自己缴了那么多费用后，却没有感觉享受到什么服务呢？而且部分物业公司在给业主的收据上往往是一带而过，这就让很多业主不满，最终导致物业费难以缴清。

5. 业主违规如何处理

一些业主由于拖欠物业费导致物业公司无法正常工作，这样在小区的管理上就出现了漏洞。如垃圾堆成山、乱停乱放、私搭乱建等，这就导致另外一些业主的不满。但他们不能向其他业主直接交涉，于是便迁怒到了物业公司身上。

怎样判断房产投资价值

投资者在投资房产时，就像投资其他资金一样，考虑最多的就是房产的未来升值问题，即房屋价格的升值和房屋租金的升值。

随着近几年房产市场的不断完善和健全，房产投资的风险大大降低了，保值、增值的机会增加了。然而，怎样才能判断房子的投资价值呢？以下几大要素可以帮助投资者准确判断房产投资的价值：

1. 房屋地段

房地产行家们的标准有三个：地段，地段，还是地段。什么样的地段建什么样的房子，才是这句话的真正含义。

2. 房屋质量

投资者选择好的房屋就要看房屋开发商的实力怎样。有实力质量自然有保障，作出的承诺也能兑现。

3. 房子的状况

挑一个好的朝向、楼层、户型对出租有很大的好处，这就要看投资者的眼力和爱好了，不过关键还是要房子本身条件好才行。

4. 房屋现代化程度

现代社会科学技术发展迅速，住房现代化也逐步成熟起来。因此，判断房子的投资价值，这一点与房子的地段和质量同样重要。

5. 社区文化背景

中国人在国外喜欢住唐人街，外国人在中国也喜欢聚居，这就是文化背景使然。所以使馆区、开发区周围的公寓里外国人最多，这样使馆区、开发区周围的外销公寓也就十分抢手了。

6. 物业管理

物业管理的好坏直接取决于物业公司的专业程度。有些物业管理有代理业主出租的业务，因此买房时要注意，一个得力的物业公司也许会给以后的出租带来很多方便。

知识链接

投资房产有哪几种方式

住房投资是目前越来越流行的一种投资方式，除了直接购房这种方式外，人们还可以选择另外六种形式：

(1) 合建分成。合建分成就是寻找旧房，拆旧建新，共售分成。这种操作手法要求投资者对房地产整套业务必须相当精通。目前不少房地产开发公司都采用这种方式开发房地产。

(2) 以旧翻新。把旧楼买来或租来，投入一笔钱进行装修，以提高该楼的附加值，然后将装修一新的楼宇出售或转租，从中赚取利润。

(3) 以租养租。即长期租赁低价楼宇，然后以不断提升租金标准的方式转租，从中赚取租金养租。如果投资者刚开始做房地产生意，资金严重不足，这种投资方式比较合适。

(4) 以房换房。以洞察先机为前提，看准一处极具升值潜力的房产，在别人尚未意识到之前，以优厚条件采取“以房换房”的方式获取房产，待时机成熟再予以转售或出租从中牟利。

(5) 以租代购。开发商将空置待售的商品房出租并与租户签订购租合同。若租户在合同约定的期限内购买该房，开发商即以出租时所定的房价将该房出售给租住户，所付租金可冲抵部分购房款，待租住户交足余额后，即可获得该房的完全产权。

(6) 到拍卖会上淘房。目前，许多拍卖公司都拍卖各类房产。这类房产一般由法院、资产公司或银行等委托拍卖，基于变现的需要，其价格往往只有市场价格的70%左右，且权属一般都比较清晰。

买房如何买得不遗憾

房地产作为一种特殊的商品，其价值较大，往往动辄几十万元甚至几百万元。对于买房者来说，如何在买房过程中省钱，避免多花钱，也是一门学问。专家分析归纳了买房时可以多加考虑的六个方面，供广大读者参考。

1. 选择房型别盲目贪大

选房切忌好高骛远，一定要根据自己的实际需要选择合适的房型。若在未来五年内不打算要小孩，可以选择面积较小的住房，一般两居室住房足够。若近期想要小孩，则应根据自身经济条件选择两室或小三室的住宅。若打算买房与父母同住，则必须考虑购买三室以上的住房，同时最好能有两个卫生间，不论是父母还是自己居住也比较方便。

2. 不必一味追求高楼层

现在市中心地区的许多高层、小高层，同一房型、同一建筑面积，每上一层楼，总价要提高几千元到几万元不等。虽说高一点风景、采光等条件比较好，但如果栋距较大，低一点也无妨。高也有高的缺点，比如，楼层越高风越大，不能随意开窗；上下楼乘坐电梯的时间较多；不适宜恐高症患者居住等。另外，拿底楼与二楼相比，每月可节省电梯运行费几十元，日积月累，也是一笔不小的积蓄。因此，买房不必一味追求楼层高，从经济的角度出发，有时低一点也不错。

3. 要美观更要实用

前几年建成的商品住宅，大都是外凸式大开窗，有的还是270°转角型大窗，这类大窗固然美观，采光和视野都无可挑剔，但却有一个弱点，保温性较差。现在不少楼房采用外墙保温技术、节能型门窗、太阳能照明技术、太阳能热水系统等。虽然每平方米住宅造价会增加一些，但这些支出与日常节省下来的水、电、煤等费用相比，短短几年时间就可以收回。

4. 二手房也是不错的选择

有些人好面子，即使经济有困难也要想方设法买新房，很少有人愿意购买二手房。实际上，买房并不一定要买新房，二手房也是不错的选择。二手房不仅选择余地大，而且可马上入住，价格也相对便宜，还可买到离市中心近一点的房子。因此，在购房时，不妨适当考虑一下二手房。这样自己还贷的压力会小很多。

5. 选择绿化多而不是水景多的小区

购房者在买房时，还要问问物业管理费的标准。有的小区看起来地段一般、品质也不高，只因有人工水景或人工湖，物业管理费就很高。其实购房者在同样容积率的情况下，宁可选择绿化多的小区，也不要选择水景多的小区。因为人工水景（包括人工湖），并不是活水，要保持水质优良，必须常换水，而换水带来的费用通常要比养护一般的绿化成本高。

6. 选择没有会所的楼盘

目前许多小区都有会所，而这些会所大都不开张营业，少数开张的，无论是开发商自主经营，还是委托承包经营，基本上处在亏损或微利的状态。因此，会所对本小区业主的好处，更多的只是停留在面子好看、名声好听而已。并且这个面子和名声是计入开发商开发成本之中的，最终由购买者们承担。所以，一些务实的购房者，大都会选择购买没有会所的楼盘，获得更实惠的价格。

买房如何“杀价”

“杀价”对一些善于精打细算的朋友来说，是天生的本事，但是这样的本事绝对不能只展现在卖场上，也应该展现在买房上。

1. 利用房子的缺点来“杀价”

买房时，我们可以列出房屋的许多缺点，但又要表露出比较喜欢的状态而犹豫不定，逼卖方自动降价。列出房屋的缺点时，一定要向卖方流露出自己对此套房屋很感兴趣，不然卖方会认为你没有诚意而断了回旋余地。

房屋缺点概括：交通不方便；交通方便，但是太吵；周边配套设施不全；周边配套设施齐全，但是太杂乱；物业管理比较差；物业管理好，但是管理费太高，居住成本高；楼层低，蚊虫多，采光差；楼层高，出入不便，噪声大；朝北日照不足；朝西日晒严重；朝南虽好，但有可能看不到景观；毛坯房自己装修很麻烦；装修房又不喜欢它的风格，装修时还要花钱敲掉等。

2. 明确“杀价”的环节变化

正常的“杀价”环节包括两大环节：首付部分和月供水平。

作为卖方，每个售楼小姐都会知道目前的房贷紧缩，也都认为收入上涨不及物价上涨的步伐，因而让他们来解决你的首付难题最妥当。

当他们认为你就是等了好久的那个买房人的时候，你又乐意让他们帮忙参谋如何在有限的购买力条件下能尽快拥有自己的房子，他们会使出浑身解数来成交。

固然售楼小姐或先生不会为你的将来担心，但为了成交他们会认真算一下你的可能还贷能力，这个时候你一定要咬住年限不能长，说白了就是要求对方降低总价。

还有一个细节，当售楼小姐或先生提出的方案你面有难色的时候，应选择停留，过几天再电话联系。

3. 签订一个无霸王条款的合约，变相杀价

以前高房价的时候是没有人等你慢慢地讲条款的，有时还有人怂恿你退房。现在不同了，随着房地产拐点的到来，即使你是站队买卡的也应该有权有条件与对方进行详细洽谈。

在签订合约时，我们可以就物业委托合同、买卖合同的正文和附属条款等部分向有利于自己的方向提出措辞。这个时候没有开发商因为一个延迟交房赔偿比例的问题而放弃你这条大鱼。

4. 擅用手机制造错觉

在杀价的过程中你的手机“自动”响了，有其他中介公司业务员给你推荐房子，与此套房屋小区、面积、楼层相仿，但价格便宜得多，在通话中你表示看完房后立即就可以定，此时如果卖方愿意挽留或者着急，表示有杀价的空间。

如何选择楼层和朝向

在选择楼层时，很多购房者都认为“住得高，看得远”，其实，高楼层和低楼层在视野和景观上各有千秋。

1. 底层

底层一般不被大家看好，因为底层给人的感觉是采光不好、压抑、视野差，而且易潮湿等，似乎没有什么优点被人们所看好。

其实单独从景观角度来说，底层也是有其优势所在，至少离绿地很近，可以近距离感受绿草的气息。而且，现在的开发商为了促销底层，往往采取底层送花园的销售策略，这就非常适合有老人的家庭，方便、安全、惬意。

2. 2~6 层

这几层是俯视小区景观的最好楼层，楼下小区的景色尽收眼底。位于这个

范围楼层的家庭，坐在客厅里就可以俯瞰小区里的景色，而且越是偏上越是能将整个社区的绿色一览无余。

3. 7~15 层

在这个楼层范围内，基本是看不到小区的景观了。主要的视野就扩展到周边的环境。如果周围空旷一片，那视野自然不错。但如果周围高楼密集，你看到的也只能是大楼的“脸”了，没有什么景色可以欣赏。

4. 15 层以上

15 层以上的高楼，视野会占很大的优势，可以欣赏更远范围的景观，给人一种“一览众楼小”的感觉。欣赏着城市的景色，听着优美的音乐，那种感觉非常好。

朝向的选择对住房的影响人人皆知，但如何选择朝向并不是所有人都清楚。朝向也是衡量房屋优劣的重要指标，它不但影响采光、集热，而且影响通风。好的朝向会大大提高住房的品质，改善住宅室内环境，对居住者的身心健康十分有利。

大多数购房者在选择住宅时，通常会选择坐北朝南的房屋。在我国传统观念上，南北朝向为正，东西朝向为偏。坐北朝南的称为正房，是位尊的意思。因此，我们大多数人在选择住房的时候，最好选择朝南的户型。

楼市花招有哪些

当楼市行情比较冷淡的时候，部分开发商就会玩起新花招，除了把优势夸大其词外，在价格优惠等方面也使出了新的揽客招数。

其实，要分辨这些卖楼花招并不特别困难。只要市民买楼时多到现场了解情况，实地察看周围的道路交通和规划信息，同时货比三家，并且时刻谨记“天上不会掉下一个大馅饼”，对销售人员的话多一个心眼，还是能够成为精明置业者的。那么需要防备的楼市的花招有哪些呢?

1. 楼盘报价注意“起”字

“均价 18000 元/平方米，现在推出 20 套保留单位，特惠价 12000 元/平方米起。”这样的价格无疑是相当诱人的，问题是当有兴趣的买家到了销售现场时，往往就会被销售人员告知：“12000 元/平方米的单位只有几套，已经卖完了，但我们还有 15000 元/平方米以上的单位，既然都来了，还是看看吧。”

2. 位置图与实践距离不是一回事

楼盘的位置图会把附近的标志性建筑物标示出来，让人感觉到楼盘离繁华市区或者交通枢纽相当近，但至于实际距离是多少，大部分楼盘的销售人员都不会告知你一个真实的数字。

为避免被误导，买家一定要记住“耳听为虚眼见为实”，最好进行一番实地察看，楼盘的交通是否真的方便就能了然于胸了。

3. 手机短信广告很吸引人

时下，各种群发的楼市手机短信十分泛滥，其中不少短信广告存在着虚假成分。这些虚假的短信广告有个共同的特点，就是价格水分太大或者夸大优惠力度。楼盘通过这种价格低廉的广告手段来吸引消费者，根本无须为广告的真实性负责。而当消费者去到楼盘现场时，销售人员往往以“不知情”或者“优惠已结束”来搪塞。

4.“优惠”品种让人一头雾水

在楼市前景不太明朗的情况下，楼盘优惠可谓“一年四季都有”。不仅优惠时间延长了，优惠的品种也琳琅满目。这些优惠到底谁有“机会”？怎么才能获取？买家可谓一头雾水，恐怕只有开发商心里最明白。

5. 装修标准难达货真价实

目前标榜“随楼附送每平方米数千元超豪华装修”的楼盘比比皆是，到底是不是货真价实呢？相信不少买家都不甚了解。对此，有专家建议，买楼时不妨将样板房的装修标准细节都进行拍照，同时记录下所用材料的品牌、规格等，即使开发商到时以“发展商有权以同等标准之建筑材料及设备替代”作为搪塞，但买家自己握有证据，更有利于保障自己的权益。

6. 未售出成已售出

一些开发商有意将其中的一些商品房做了“销售控制”，将未售出的单位也标为“已售”，造成销售形势大好的假象，迫使购房者赶快下单。但同时也会留出一部分单位作为“未售”，以免买家失望而归。

7. 配套设施只是口头承诺

社区配套设施是买家购房的重要参考因素，所以大多数开发商都在宣传上作出很多承诺。专家提醒消费者，发展商对于小区配套设施的宣传单及口头承诺都是没有法律效力的。如果买家很看重某项小区配套，必须在签订认购书之前，先看合同中有无关于此项配套的约定。如果没有，可要求发展商以书面形式写下来，以备日后有理有据维权。

8. 愿意营造紧张气氛

“逼”买家下定的方法有很多，比如不给他们有充分考虑权衡的时间，让

其匆匆购房；在与客户洽谈的时间里，售楼人员互相配合着打“假电话”，或假装成顾客，假装有很多人都想要这套单位的样子；或是在客户稍微犹豫的时候，马上把房子介绍给另外的购房者，营造紧张气氛，进行“逼购”，让购房者尽快下单。

投资二手房要注意哪些问题

随着近几年房价的逐年上涨，对于大多数人来说，购买一套地理位置好，交通便利，配套设施成熟的住宅越来越力不从心。于是像市区这样的热点地带，就成为了二手房的天下，而且，随着城市的扩延，未来建房大都在市区边缘，今日的市区边缘就是明日的市区。所以，购买二手房的误区，更需多加注意。

1. 产权是否清楚

购买二手房对购买者来说，地点、环境、价格及房屋质量都是重要的参数，但产权是否清楚是购房的关键所在。因为无论地点多佳、环境多优、价格多低、质量多好，你都要为此投资一笔数额大的资金，所以应考虑资金的安全性，买得合法才能住着放心。

购买二手房的第一步应搞清房源。若是市场商品房，安全系数相对高；若是微利房、康居工程房，则要小心；若是以标准价、成本价购买的房改房，五年以内不能交易，五年以后出售，原单位有优先购买权。在交易规则方面，购房人第一步要做的是要求卖方提供合法的证件，包括产权证书、身份证件、资格证件等其他的一些相关资料。

购买二手房的第二步是向房产管理部门查阅产权来源。房主是谁、档案文号、登记日期、成交价格等其他一些资料。

购买二手房的第三步是调查该宗房屋有无债务链，包括：银行按揭合同、保险合同、抵押贷款合同、租约及贷款额、还款期限、已还贷额、利息、租金金额。

最后，购买二手房除了要向卖方索要一切产权文件、资格证件、身份证件、相关证件外，还要到房屋管理部门查询相关记录进行“对照”才能证实各个细节。

2. 使用权并非等于产权

购买二手房，必须是产权交易。切记，使用权是不能交易的。产权房交易有交易规则，使用权房交易纯属投机。我国宪法明确规定，社会主义的公共财产神圣不可侵犯。国家保护社会主义公共财产，禁止任何组织和个人用任何手段侵占或破坏国家和集体的财产。所谓房屋的使用权是指产权属于国家，使用者在一定期限内对房屋有使用权，没有占有、收益、处分的权力。所以使用权是不能交易的。购房者千万不要被交易条件，特别是交易价格所诱惑。

3. 价格是否合理

价格交易是二手房买卖过程中最费时、最困难的环节，卖方期望价高，买房期望价低，双方须取得均衡才能成交。

购买二手房对置业人来说，最重要的动机是价格相对便宜，这也是二手房交易市场存在和吸引人的重要原因。由于价格因素是能否成交的关键，价格是否公道就成为定盘的星。

判断二手房价格是否公道有以下几种技巧：

（1）到房地产交易中心了解现房/期房的价格资讯；

（2）通过房地产顾问公司了解房价指数；

（3）通过房地产中介公司了解房屋价格行情；

（4）货比三家，详细地收集该区位的房屋资料，了解行情，争取议价。

4. 中介一房多卖

委托中介购买二手房要警惕中介一房多卖。所谓一房多卖就是指中介公司与购房人草签代理协议。协议本身没有实质的法律依据，通过签订协议，中介公司可站在比较有利的位置选择：谁出的中介费用最高就与谁成交。因为作为代理的中介公司本身最了解所代理房屋的底价，在成交价格不公开的情况下，超过底价部分的成交价格都会成为所谓的“代理费”，显然没有封顶。一房多卖的目的就是赚取更多的差价。就购房者来说，为此多支付若干无法增值的货币。

除此之外，购买二手房还要防止中介公司其他不规范的代理。

（1）买断：由于业主急于出手，中介就利用业主这样的心情乘机杀价进行买断，然后再高价出手赚取更多利润。

（2）暗卖：中介公司以房主自居，从中获利。

（3）假滞销：一面积极推销，另一面向业主说房屋滞销，以达到业主主动降低房价，从中获取更多“代理费”。

（4）看房费：收取一定看房费，即使日后没有成交，收入也相当可观。

（5）当然还有两边吃、骗定金、虚报平方米数、谎报楼龄等，使购房人与卖房人对中介的信任大打折扣。

如何回避投资房地产的风险

有投资才会有收益，有收益就会有风险，有风险就应学会回避风险。房地产投资风险，顾名思义就是从事房地产投资而造成损失的可能性。这种损失包括所投入资本的损失与预期收益未达到的损失。

风险回避就是指投资者预测发现从事某项房地产投资，将来可能造成较大的损失，因此采取有意识的回避措施。例如，个人投资者大多不愿在旧城区改造的初始时涉足，因为这时意外风险和危险总是比较大，如果盲目投资，可能带来意想不到的损失。一般来说，诸如旧城区改造的一类投资活动，参与者大多是专业公司，对于可能出现的风险，专业公司有实力应付。然而，如果这类投资被认为确实有利可图，个人投资者可以以入股方式委托专业公司参与这个过程，即使有风险，最后分摊到个人投资者身上的也微乎其微。

现实生活中，人们常常“谈风险色变”，视风险为猛虎。可是仍然有许许多多具有战略眼光的勇敢者“明知山有虎，偏向虎山行”。其中的道理很简单：个人投资尽管有风险，但只要能有效的回避，还是能获取利益；更多的时候，投资于房地产的资本在将来不仅不会贬值，而且还会滚雪球般越滚越大。

第十五章　股票值得拥有

——分享经济的繁荣

什么样的股票可能会成为黑马股

“千里马常有，而伯乐不常有。”黑马股能给投资者带来巨大的收益，但却不是人人都能选准黑马股的。

据专家研究发现，下列几种股票极有可能是黑马股：

1. 股价低，市场形象差的股票

这些股票多数投资者都会弃之不取。这正是主力能够搜集够筹码的条件。为满足这个条件，此类上市公司往往要么是连年亏损，要么是官司缠身，要么是弄虚作假被点名批评，要么是大股东之间或领导之间长期不团结等。如果黑马不是这类超低个股，至少也得是从高位跌下来的股票，并且刚刚遭受过重大利空的轰炸。

2. 股本不大，有扩张潜力和需要的股票

许多庄家都是在黑马的股价翻了几番后，通过大比例送配而将股份降下来，然后再混同于普通股票，伺机撤离。因此这类股票必须具有小盘、绩优、公积金高的特点。

3. 有重大在建项目即将完工投产的股票

重大工程完工投产后一般都将全面改观公司的经营状况。许多这类利好的消息本来在工程开工时就有过相关报道，但因为离投产赢利时间太远而被人们逐渐忘却。

4. 在市场竞争中属于优胜者的股票

主要是企业赢利能力强，成长性高，所在行业前景较好，市盈率水平也较低。

5. 主力被套的股票

主力如果在上次行情中被套，必然会努力寻求生产自救。而且，被套时间如果长，则主力的持股成本也在不断抬高，所以必须拉到相当幅度才能够全身而退。

6. 特殊题材的股票

行业、股本结构、经营、地域等方面都存在特殊题材。如过去的少数民族题材、边疆题材，后来的乡镇企业题材、最高净资产收益率题材等，只要有一方面独特，都可能出现黑马。

题材是庄家养黑马最需要的“草料”。一个黑马必须有大量好的题材来衬托。因此，从题材中选取是寻找黑马的捷径。

股票的基本面应从哪些方面去考察

基本面指对宏观经济、行业和公司基本情况的分析，包括公司经营理念策略、公司报表等的分析。长线投资一般用基本面分析。

基本面包括宏观经济运行态势和上市公司基本情况。宏观经济运行态势反映出上市公司整体经营业绩，也为上市公司进一步的发展确定了背景，因此宏观经济与上市公司及相应的股票价格有密切的关系。上市公司的基本面包括财务状况、赢利状况、市场占有率、经营管理体制、人才构成等各个方面。

股票的基本面应从以下这些方面去考察：

1. 对企业所属行业进行分析

每个行业都有自身的发展逻辑。通过行业分析，正确地认知行业的基本特点及其演变逻辑，判断行业所处的发展阶段，找出影响行业的关键因素，将有助于鉴别行业中的佼佼者，为企业基本分析提供切入点。

2. 分析企业的营业额

企业过去五年的营业额如何，营业额的年增长率如何，与同行业其他公司的比较如何。

3. 分析企业的营业毛利与纯利

过去五年的记录、年增长率以及与同行业其他公司的比较，这些数据反映生产成本和对公司产品的需求。

4. 分析企业的现金出入量

利润不等于现金。现金流量是分析企业业绩最重要的指数之一。现金的流量决定公司支付薪水、偿债、投资科研开发、机器设备以及发股息的能力。

5. 企业的资本结构分析

企业资本由股份资本和债务资本组成。应注意两者的比例，以及多少属于长期债务，多少属于短期债务，公司偿债能力如何，信用评级如何。

6. 企业的产品分析

产品是属于特异性还是一般性。产品越奇特，竞争力越强。

7. 分析企业的市场占有率

市场占有率的大小和增减显示企业的竞争能力。虽然这个数据有时不准确，但企业主管人员不能没有大体估计。

了解上市公司的基本面可以通过以下渠道：公司网站；财经网站和股票经纪提供的公司年度报告；图书馆；新闻报道——有关技术革新和其他方面的发展情况；专家的分析，国际性经纪公司的专业分析家会密切关注市场的主要股票，并为客户提供买入、卖出或持有的建议。

股票投资的基本分析方法

一般说来，股票投资分析方法基本有两大类：一种是基本分析法；另一种是技术分析法。

1. 基本分析法

基本分析法通过对决定股票内在价值和影响股票价格的宏观经济形势、行业状况、公司经营状况等进行分析，评估股票的投资价值和合理价值，与股票市场价进行比较，相应形成买卖的建议。

基本分析包括下面三个方面内容：

(1) 宏观经济分析。研究经济政策（货币政策、财政政策、税收政策、产业政策，等等）、经济指标（国内生产总值、失业率、通胀率、利率、汇率，等等）对股票市场的影响。

(2) 行业分析。分析产业前景、区域经济发展对上市公司的影响。

(3) 公司分析。具体分析上市公司行业地位、市场前景、财务状况。

2. 技术分析法

技术分析法从股票的成交量、价格、达到这些价格和成交量所用的时间、价格波动的空间几个方面分析走势并预测未来。目前常用的有K线理论、波浪理论、形态理论、趋势线理论和技术指标分析等。

对比这两种分析方法，我们可以发现：基本分析法能够比较全面地把握股票价格的基本走势，但对短期的市场变动不敏感；技术分析贴近市场，对市场短期变化反应快，但难以判断长期的趋势，特别是对于政策因素，难有预见性。

由此可知，基本分析和技术分析各有优、缺点和适用范围。基本分析能把握中长期的价格趋势，而技术分析则为短期买入、卖出时机选择提供参考。投资者在具体运用时应该把两者有机地结合起来，才有可能实现效用最大化。

投资分析的起点在于信息的收集，道听途说的市场传闻有很大的欺骗性和风险性，上市公司的实地调研耗费人力、财力大，对于一般投资者而言，进行股票投资分析，特别是基本分析，依靠的基本还是媒体登载的国内外新闻以及上市公司公开披露的信息。

投资者有权获取的公开信息有：

(1) 招股说明书（配股、增发新股说明书）。对募集资金投向及可行性予以披露。

(2) 上市公告书。对公司设立过程、业务范围、上市前财务状况、股票发行情况予以披露。

(3) 中期报告。在公司每一会计年度的上半年结束之日起两个月内披露。内容包括公司财务会计报告和经营情况；涉及公司的重大诉讼事项；已发行的股票、公司债券变动情况；提交股东大会审议的重要事项及其他事项。

(4) 年度报告。在每一会计年度结束之日起四个月内公告。内容包括公司概况；公司财务会计报告和经营情况；董事、监事、经理及有关高级管理人员简介及其持股情况；已发行的股票，公司债券情况，包括持有公司股份最多的前 10 名股东名单和持股数额；国务院证券监督管理机构规定的其他事项。

(5) 重大事件临时性公告等。

通过收集足够多的信息，再对股票进行分析，所得出的结论就比较可靠了。

如何根据大盘判断买入时机

大盘是我们买卖股票的重要工具，那么，如何根据大盘判断买入时机呢？

从盘面捕捉买点的技巧主要有以下几点：

(1) 移动平均下降之后，先呈平稳趋势后开始上升，此时股价向上攀升，突破移动平均线就是买进时机。

(2) 股价在低档 K 线图出现向上 N 形的股价走势及 W 形的股价走势便是买进时机。

(3) 6 日乖离率已降至-3~-5，且 30 日乖离率已降至-10~-15 时，代表短线乖离率已大，买进。

(4) 股价已连续下跌 3 日以上，跌幅已逐渐缩小，且成交量也萎缩到底，如果突然量增价涨，这表示有大户进场吃货，买进。

(5) 股价由高位大幅下跌时一般分三波段下跌，止跌回升时就是买进时机。

(6) 股价由跌势转为涨势初期，成交量逐渐放大，形成价涨量增，这表明后市看好，买进。

(7) 股价在底部盘整一段时间后，连续 2 天出现大长红或 3 天出现小红或十字线或下影线时代表股价止跌回升。

(8) 个股以跌停开盘，涨停收盘时，表示庄家拉抬力度极强，行情将大反转，买进。

(9) 股价在箱形盘整一段时间后，又突发利多向上涨，突破盘局时便是买点。

(10) 6 日相对强弱指标 RSI 大于 12 日 RSI，K 线图出现十字星，表示反转行情已确定，买进。

(11) 短期移动平均线（3 日）向上移动，长期移动平均线（6 日）向下移动，二者形成黄金交叉时为买进时机。

做到了以上几点，你的小店一定会脱颖而出，到那时，你还用担心没有钱赚吗?

知识链接

股票的几种投资策略

股票投资，有其相应的策略，以下就介绍几种股票投资的策略，希望对你的股票交易有所帮助。

1. 顺势投资

顺势投资是灵活的跟“风”、反“零股交易”的投资股票技巧，即当股市走势良好时，宜做多头交易；反之做空头交易。但顺势投资需要注意的一点是：时刻注意股价上升或下降是否已达顶峰或低谷，如果确信真的已达此点，那么做法就应与“顺势”的做法相反，这样投资者便可以出其不意而获先见之“利”。投资者在采用顺势投资法时应注意两点：①是否

真涨或真跌；②是否已到转折点。

2.“拔档子”

采用“拔档子”投资方式是多头降低成本、保存实力的操作方法之一。也就是投资者在股价上涨时先卖出自己持有的股票，等价位有所下降后再补回来的一种投机技巧。“拔档子”的好处在于可以在短时间内挣得差价，使投资者的资金实现一个小小的积累。

“拔档子”的目的有两个：一是行情看涨卖出、回落后补进；二是行情看跌卖出、再跌后买进。前者是多头推进股价上升时转为空头，希望股价下降再做多头；后者是被套的多头或败阵的多头趁股价尚未太低抛出，待再降后买回。

3. 保本投资

保本投资主要用于经济下滑、通货膨胀、行情不明时。保本即投资者不想亏掉最后可获得的利益。这个“本”比投资者的预期报酬要低得多，但最重要的是没有“伤”到最根本的资金。

4. 摊平投资与上档加码

摊平投资就是投资者买进某只股票后发现该股票在持续下跌，那么，在降到一定程度后再买进一批，这样总平均买价就比第一次购买时的买价低。上档加码指在买进股票后，股价上升了，可再加码买进一些，以使股数增加，从而增加利润。

上档加码与摊平投资的一个共同特点是：不把资金一次投入，而是将资金分批投入，稳扎稳打。

摊平投资一般有以下几种方法：

(1) 逐次平均买进摊平。即投资者将资金平均分为几份，一般至少是三份，第一次买进股票只用总资金的1/3。若行情上涨，投资者可以获利；若行情下跌了，第二次再买，仍是只用资金的1/3，如果行情上升到第一次的水平，便可获利。若第二次买后仍下跌，第三次再买，用去最后的1/3资金。一般说来，第三次买进后股价很可能要升起来，因而投资者应耐心等待股价回升。

(2) 加倍买进摊平。即投资者第一次买进后行情下降，则第二次加倍买进，若第二次买进后行情仍旧下跌，则第三次再加倍买进。因为股价不可能总是下跌，所以加倍再买一次到两次后，通常情况下股票价格会上升的，这样投资者即可获得收益。

5.“反气势”投资

在股市中，首先应确认大势环境无特别事件影响时，可采用“反气势”的操作法，即当人气正旺、舆论一致看好时果断出售；反之果断买进，且越涨越卖，越跌越买。

“反气势”方法在运用时必须结合基本条件。例如，当股市长期低迷、刚开始放量高涨时，你只能追涨；而长期高涨，则开始放量下跌时，你只能杀跌。否则，运用“反气势”不仅不会赢利，反而会增加亏损。

怎样根据大盘判断卖出时机

我们不仅可以通过大盘判断买入时机，而且还可以通过大盘判断卖出时机。

从盘面捕捉卖点的技巧主要有以下几点：

(1) 在高档出现倒 N 形股价走势及倒 W 形的股价走势，大盘将反转下跌。

(2) 股价跌破底价支撑线之后，如果股价连续数日跌破上升趋势线，表明股价将继续下跌。

(3) 多头市场相对强弱指标（RSI）已达 90 以上为超买的行情时，投资者可考虑卖出手中持有的股票。空头市场时，RSI 达 50 左右立即卖出。

(4) 股价暴涨后无法再创新高，虽有两三次涨跌，但大盘有下跌的可能。

(5) 短期移动平衡线下跌，长期移动平均线上涨交叉时，称为死亡交叉，先卖出手中持有的股票。

(6) 在高档连续 3 日出现巨量长黑，代表大盘将反多为空，先卖出手中持有的股票。

(7) 艾略特波段理论分析，如果股价连续数日跌破上升趋势线，表明股价将继续下跌。

(8) 30 日乖离率为+10~+15 时，6 日乖离率为+3~+5 时，代表涨幅已高，卖出手中持有的股票。

(9) 股价在经过某一波段下跌后，进入盘整，如果久盘不涨反而下跌，迅速出脱手中持有的股票。

(10) 在高档连续 6~9 日小红或小黑或出现十字线及上影线代表高档向下，再追价意愿已不足，久盘必跌。

怎样识别庄家做盘手法

庄家和散户投资者是一对欢喜冤家，两者的利益有时一致，有时又不一致。当两者利益不一致时，庄家就会通过各种做盘手法，蒙蔽投资者，让投资者的利益受到损失。实际上，只要识破庄家惯用的做盘手法，就可以防止被庄家“骗”。

在这里，我们挑选几种庄家惯用的做盘手法给大家解析一下。

1. 瞬间大幅高开

开盘时涨停或以很大涨幅高开，瞬间又回落。

庄家此举的目的：一是突破关键价位。庄家不想由于红盘而引起他人跟风，所以做成阴线，达到震仓的目的。二是吸筹的一种方式。三是试盘动作，看看上方抛盘是否沉重。

2. 瞬间大幅低开

开盘时跌停或以很大跌幅低开。

庄家此举的目的：一是出货。二是收出大阳，使图形好看。三是操盘手把筹码低价卖给自己或关联人。

3. 收盘前瞬间拉高

在收盘前一两分钟，某只股票盘口显示突然出现一笔大买单，把股价拉至高位。

这是因为庄家资金实力有限，为节约资金而使股价收于较高位；或者通过尾市“突破袭击”瞬间拉高，突破强阻力的关键价位。假设某只股票股价为 10 元，庄家想要使其收在 10.8 元，如果上午就拉升至 10.8 元，为把价位维持在 10.8 元至收盘，就要在 10.8 元处接下大量的卖盘，需要的资金量就会很大。采取尾市偷袭的手段，由于大多数投资者尚未反应过来，即使反应过来也无法卖出，庄家因此能更好地达到自己的目的。

4. 收盘前瞬间打压

在收盘前一两分钟突然出现一笔大卖单，把股价砸至很低位。

庄家此举目的：一是使日 K 线形成光脚大阴线或十字星等较难看的图形，使持股者恐惧而达到震仓的目的；二是为第二天高开并大涨而跻身升幅榜，吸引投资者的注意做准备；三是操盘手把股票低价卖给自己或关联人。

庄家做盘的手法虽然看起来多种多样，但总结起来无非就那几种。识破了庄家以上常用的做盘手法，在操作中理性看待庄家的手法，就不会成为庄家的“牺牲品”。

长线选股应采取什么策略

对新股民来说，选股是最困难的一步。不过如果仅就中长线而言，掌握一些基本的选股规则，而且一旦选中股票就长线持有，不管大盘如何变化，要做到手中有股、心中无股。这样几年后，你将会有不错的收益。

选股策略：

(1) 选成长性类：未来几年有高成长性，业绩增长有保证。

(2) 选资源丰富类：未来几年或几十年将有丰富的矿产或稀缺资源开采，业绩绝对有保障。

(3) 选低市盈率：市盈率低于 20 倍，且未来几年一直维持在低市盈率，公司业绩稳定。

(4) 选傻瓜型公司：公司有充足的资源，业绩始终稳定与管理层好坏无关，即使让傻瓜做总经理，公司照样能良好运作，产品不愁卖不出去。

选政策性相关股票：紧跟国务院反复强调最近或今后重点解决或发展的行业，如 2007 年国务院反复强调节能减排与环境保护是各级政府今后工作的重点。因此该类股票将会有很好的上升空间。

短线选股应把握哪些原则

短线操作极具挑战性，对投资者是否敏感、决策是否果断有很高的要求。短线选股的基本原则是要求被选股票（或股票组合）能够在相对较短的一段时期内具有较高的涨幅预期，而对这一特定时期之后的远期股价趋势特征并不注重。因此，这就决定了短线选股必须重势，以及追求投机性价差收益的特点，这与长线选股注重股票质地和追求稳健的投资收益有明显区别。

根据经验，短线选股应参照如下基本原则：

(1) 积极参与市场热点。追随市场热点就成为短线投资者赖以战胜大盘并取得理想投资收益的途径之一。

(2) 重点抓强势板块中的龙头股。龙头股通常有大资金介入背景，有实质性题材或业绩提升为依托，所以抓龙头股不会错。

(3) 上市公司公告蕴藏着一定的个股机会。不仅上市公司每年定期发布的年报和中报经常有出人意料的惊喜，而且投资者可以从上市公司不定期的公告中发现不少对该公司重大经营活动、股权重组等对个股价格有重大影响的信息。

(4) 娴熟任用各种技术分析工具以帮助优化买卖时机。虽然我国股市存在庄家设置图表陷阱的现象，导致在某些情况下技术分析方法失灵，但真正领悟了技术分析的精髓之后就能具有识别技术陷阱的经验方法。在此基础上运用技术分析方法确定短线个股的买卖时机，仍然不失为一种有效和可行的途径。

不同市道的操作策略

股票在交易中会出现不同的市道，只有对不同的市道采取不同的股票投资策略，才能保证你的投资会有收获。

1. 牛市的操作策略

牛市意味着绝大多数股票的走势都很喜人，都在奋力向上。

牛市的赚钱效应必然会吸引场外新增资金的积极入场，多方的援兵源源不断，打破了多空的平衡，吞并了汹涌而至的卖单，将其一扫而空，然后乘胜追击，股价节节攀升到更高价位，让买进和持有股票的投资者兴奋不已，这就是牛市中最基本的力量对比。

牛市行情来之不易，历经几年的低迷期，饱受套牢的煎熬，才终于盼来了充满希望的春天。不过投资者要意识到：牛市不可能长盛不衰，迟早会退潮，所以必须立即行动，珍惜牛市里的每一时刻，绝不丧失每一次赚钱的机会。

在牛市中选股，投资者首先要区分出当前的牛市处在什么阶段。若从盘内特征和未来空间的大小来划分，牛市可以定性为三个不同阶段：

(1) 酝酿初期。这时大盘脚步刚刚企稳，虽然还需要一段时间休养生息，但下跌空间已经被封杀，同时将来可能的热点还没有显现。在这个阶段，投资者不必为选什么股而苦恼和发愁，只要没有严重危机的股票都可以作为投资对象。

(2) 遍地开花期。这时牛市特征明显，已经被多数市场投资人士所认可，主流热点业已大白天下。热点此消彼长，轮番登上涨幅榜。这个时期，虽然绝大多数股票都有很大机会，但每只股票走势的强弱不同，预期上升空间也有很大差别；所以选股就相当重要了。投资者应该重点锁定以下三类股：

①走势最强劲的股票。

②成交量最密集的股票。

③即将突破的股票。

（3）最后晚餐期。在牛市晚期，很多股票开始出现最后的疯狂：

①股价大幅拉升。

②指标相当强势。

③成交量不断放大。

这种异常热闹的景象，很容易冲昏投资者的头脑，令投资者完全失去应有的警惕心，没有察觉到可怕的顶部已经悄然而至。所以，这时候投资者要抓住时机卖出股票。

2. 熊市的操作策略

千万要记住，熊市中选股主要目的不是要买进，而是关注大盘走势，了解盘中热点，以及政策的转变。投资者只选不买，为将来牛市到来选好准备中长线投资的主打股票。这种只看不动的策略和工作非常重要，是为未来打下坚实的基础。

当然，在这种市道，如果投资者不甘寂寞，有胆量逆市求财，那也不是完全没有赚钱的机会，但要遵循下面的买入原则：

（1）逆市走强的股票。

（2）击穿历史新低的股票。

（3）跌幅相当惨烈的股票。

（4）前期曾有强庄介入但深度套牢的股票。

（5）前期十分活跃的股票。

（6）短线严重超跌的股票。

（7）靠近重要支撑位的股票。

（8）远离均线的股票。

3. 在盘整市的操作策略

盘整市的确让投资者感到很为难，不知道选什么股好。身处在盘整市，投资者的第一项任务就是确定大市的基本性质是牛市还是熊市。

（1）牛市中的盘整。股指在上升途中出现了暂时的震荡整理。投资者一定要注意，在牛市中盘整结束后的突破方向必然向上，所以投资者可以放心选择股票积极操盘。

牛市行情中出现盘整时。投资者应该遵循以下原则来选股：

①回调极深的个股。

②逆市推高的个股。

③强势平台整体的个股。

④冲高迅速回探的个股。

⑤有大单护盘的个股。

(2) 熊市中的盘整。股指在下跌途中出现了暂时的震荡整理。投资者要牢记盘整结束后，指数最终会继续掉头向下，投资者要有极高的警觉，谨慎选股。

熊市行情中出现盘整时，投资者选股要遵循如下原则：

①上升通道依然完整的个股。

②第一次接触到重要支撑位的个股。

③第一次触及历史新低的个股。

④出现连续暴跌。公司基本面并没有恶化，只是因盘内主力的抛空和大盘暴跌。跌势越猛越好，跌幅越深越好。但只能选轻仓股和短线股。

4. 在暴跌行情中的操作策略

遇到暴跌，投资者要保持清醒的头脑，不要被暴跌所产生的恐慌气氛所影响，不能乱了阵脚，也不能失去理智，更不能完全情绪化。

投资要区分出是什么性质的暴跌。

(1) 如果是大盘暴跌，则可以重点关注以下几类股票：

①对大盘暴跌做出极度反应的个股。

②上升通道依然完整，特立独行的个股。

③有强庄护盘的个股。

④如果大盘处在下降通道中，则只能选轻仓股。

⑤如果大盘处在上升通道中，则重仓股、轻仓股、短线股和中长线皆可。

⑥如果大盘出现见底前的最后一次暴跌，则重仓股、中长线股皆可。

(2) 如果是个股暴跌，可以选择以下几类股票作为候选股票：

①股价处在底部的最后连续暴跌。

②暂时的利空消息所致。

③首次亏损消息所致。

④严重超跌，幅度越大越好。

⑤第一次暴涨后的急速下跌。

⑥第一次放量上涨后的重返旧地。

股票被套牢该怎么办

在股市上，很少有人没有尝过“套牢”的滋味，所谓“套牢”，指的是买进股票的成本已高出目前可以售得的价格。在股票的实际操作中，“套牢”在所难免，也是一项必要的经验和教训。“套牢”的程度有轻、重，“解套”的方法也有所不同。下面就是几种常见的解套的方法：

1.“咬紧牙关，壮士断腕”的“尽早解套”

如果你手中持股的本质不佳，发行公司营运和获利均呈衰退，并且整体投资环境亦有趋向恶化的迹象，那么你就应该咬紧牙关，及早脱手，以求少输、多赢。如果本身对得失看得很重，那么，“套牢”势必影响自己的情绪，整日寝食不安，真不如“壮士断腕”，钱毕竟是身外之物。

2. 以不变应万变

如果你手中持股的本质不坏，并且整体投资环境尚且良好，股市走向仍未脱离“多头市场”。那么，你大可不必只看眼前利益，应该稳坐“钓鱼台”，起码“不卖，不赔”，总有一天会有股价回升的“解套”之时。

3. 既卖也买，分批“解套”

如果你手上持股“套牢”却又无法确定这种股的进一步走向，那么，你不妨“分批解套”，即将“套牢”个股分批卖出；同时，另行补进其他强势股，尽量争取得失平衡。

总之，股市行情错综复杂，时机并非雷同，而是因人而异的，投资是否成功并取得良好的收益，关键在于根据股市实情随机应变、灵活掌握，不能拘泥于现成的法则和教导的经验。

如何确立股票止损点

在确定何时买股票之前，选买点的重点是选择止损点。即在你进场之前，你必须很清楚若股票的运动和你的预期不合，你必须在何点止损离场。

股市大起大落对于短线操作既是个危机，又是个机会。只要保持清醒的头脑，盯住绩优股，抓住机会进场，确定自己的止损点，就能减少自己的投资风

险而获利。一般地讲，购入某股票后，该股的支撑线或10%左右的参考点，即可设为一个止损点。如果股价上扬，则可随时将止损点往上移。止损点与实际价格不要贴得太近，一般以10周或20周移动平均线为参考。如果股票价格低于止损点，则说明挑选的股票进场时间错误，以致造成损失。此时应立即平仓卖出，以免损失过多。在做交易时，这种小的损失应被视为一种保险费，它至少可以降低机会成本的损失。如果股市下跌，短期无回挡迹象，则短线操作者还可采用“先卖后买”的反向操作策略。即挑选那些市场失宠的股票先行卖出，在该股跌得更深时再重新买入。当然，反向操作时也要注意止损点。

确定股票的止损点，换句话说，你在投资做生意时，不要老是想你赚多少钱，首先应该清楚自己能亏得起多少。有些人以10%的数量做止损基数，即10元进的股票，以9元做止损点。有些人将止损点定在支撑线稍下。有些人定20%的止损额，还有其他各种方法。无论什么方法，你必须有个止损点，这个止损点不应超出投资额的20%。请投资者牢记，否则一切的股票操作技巧都是空的。

新股民入市的十大守则

新股民入市要遵循下面的十大守则：

1. 入市初期，不要立即实盘操作

新股民最好先进行一段时间的模拟操作，在完全没风险的情况下熟悉市场的环境。新股民对投资技能的掌握，固然需要通过学习来达到，但对投资理念的领悟最终还是需要通过实践来完成。所以说，投资者在学习了一定的投资技能以后也需要进行大量的模拟操作来运用所学的理论技巧。此外，模拟操作相对实盘操作而言是低成本、无风险的，而且也比实盘操作更容易掌握，这是因为在模拟操作时，投资者的心态可以保持在最佳状态：如果连模拟操作都做不好，投资者尽量不要随便跳到股海里冲浪，以免被波涛汹涌的海浪所吞没；即使进入后期实盘操作阶段也要尽量保持较少的选股数量，最好只选一两只，要对选中的股要保持长期的跟踪观察和模拟操作，使得自己对个股的股性非常熟悉，能够敏感地预测该股的短期走向，从而为自己的准确、快速出击打下坚实的基础。

2. 不要借债，不要透支

现实中，绝大多数投资者是不会因为炒股而破产的，如果投资者是以自有资金入市，就算遭遇类似银广夏、亿安科技那样最恐怖的下跌，也不会赔光本金。但是，透支则不同，透支在成倍地放大投资收益的同时，也成倍地放大风险。透支还会加重投资者的心理压力，使投资者的心理“天平”严重失衡，容易导致分析出现偏差，决策出现失误。其他如挪用公款或借债炒股等方式和透支的情况是一样的，很容易导致投资者破产。

3. 不要听小道消息炒股

中国股市中政策和消息确实是决定股价走势的重要因素之一，尽管法律上严禁利用内幕消息炒股，但投资者常常能看到许多股票在利好公布前就已经出现飙升行情，泄密现象很明显。但是，消息的扩散程度和消息的有效性是成反比的，连普通散户都知晓的消息往往毫无利用价值，甚至有的消息就是庄家释放出来的烟幕弹，用于掩盖其出货的本质。新股民刚刚进入股市，缺乏长久稳定赢利的经验和技巧，常常将获利的希望寄托在所谓的内幕消息上，在对消息没有辩证分析能力的情况下，极易跌入消息的陷阱中。

4. 不要对股市期望过高

不要定下高不可攀的投资目标。新股民进入股市的时间通常集中于牛市的后期，因为这时有大量的老股民取得了一些投资收益，赚钱的财富效应强烈地刺激新股民的入市意愿。所以，新股民常在牛市后期进入股市，这时的市场往往比较活跃，加上新股民谨小慎微，稍有赢利就立即兑现：这一时期，新股民获利数额虽不大，但获利概率甚至能超过老股民，有些新股民由此产生轻视股市的想法，认为股市很容易赚钱。于是，他们会制定出不符合市场实际情况的目标利润，等到市场转入弱市时，他们为实现原定目标，而不顾实际情况地逆市操作，常常因此蒙受重大损失。

5. 要重视修身养性

证券市场需要入市的投资者具有优良的心理素质和周密的逻辑思维能力。新股民要认识到修身养性对股市投资的重要性，注意培养自己高尚的品行、良好的心态、周密的思维和健康的身体。只有这样才能在风云变幻的股市中始终保持理性的投资行为，不会因为股市的暴涨而冲动，不会因为股市的暴跌而恐慌。

6. 认真系统地学习相关知识

这是新股民在证券市场中立足的根本之道。新股民进入股市的第一件事情不是开户后立即买进卖出，而是要熟悉证券市场中基础的游戏规则，大到国家的法律法规、证券市场的基本运行规律、股票的各种基础知识，小到证券公司的具体规章制度和如何实际交易等常识。如果了解不深，常常会造成无谓的损失，如有位投资者中签新股后，在规定缴款期最后一天的下午存入资金，而他所在的证券公司规定只有上午缴款才有效。这位投资者因为不了解证券公司的规定，而错失了上万元的新股收益。

7. 不要有侥幸的赌博心理

新股民在股市中研判行情能力较弱，同时又急于赚钱，他们在还没有对最近一段时间的行情演变进行认真跟踪研究的情况下，就贸然地投入资金，买卖操作。卖出时总担心股市会大涨，而买入时又担心出现下跌；空仓时怕踏空，满仓又怕套牢。选股就像是压宝，看哪只股票名称好听就选哪只，甚至还有新股民为了图吉利，选股只选尾数带“8”的。这样的新股民，对股市当前的市场环境和未来发展趋势没有清晰的认识，与其说他们在炒股，不如说他们是在赌博，亏损对他们来说，是必然的结果。

8. 坚强不屈，百折不挠

许多新股民在经历过一轮熊市后，往往容易对股市产生畏惧心理，打算一旦保本就从此退出市场。事实上在熊市中经历被套、失败、挫折等是每一位投资者迈向成熟的必经之路，失败的经历是一笔尚未兑现的财富，它所积累的动能将使投资者在未来的市场获取稳定的收益，如果畏难而退，那么，以前所取得的经验和能力均将前功尽弃。

9. 勇于认错，知错就改

投资股票不可能百战百胜，偶尔出现失误在所难免，如果投资者在处境不利时，不及时认错并纠正，而赌气地逆市操作。结果，将会像螳臂当车一样被市场前进的车轮压碎。因此，在出现错误时，关键是要及时地认识错误、纠正错误，千万不能将小的失误酿成大的损失。股市中永远都有机会，只要留得青山在，就一定有获利翻身的机会。

10. 要有风险意识

新股民在入市前经常听到老股民自吹自擂地谈论在股市中如何轻松获取丰硕战果，殊不知，许多老股民为了面子常常是报喜不报忧的，而任何股民在股市中时间长了，都多少会有一些辉煌战绩的。新股民不了解实际情况，以为股市是聚宝盆，投入一颗种子，就能长出一株摇钱树。因此，他们往往在对股市中的风险缺乏客观认识的基础上，带着发财的梦想进入股市，希望能成为巴菲特那样的股市富豪。事实上，对于每一个投资者来说，股市中既充满机遇，又充满陷阱，投资者进入股市要多一些风险意识，少一些盲动。

第十六章　有空没空养只“基”

——让专家帮你理财

投资基金有哪些种类

根据不同标准可将投资基金划分为不同的种类。

（1）根据基金单位是否可增加或赎回，投资基金可分为开放式基金和封闭式基金。开放式基金是指基金设立后，投资者可以随时申购或赎回基金单位，基金规模不固定的投资基金；封闭式基金是指基金规模在发行前已确定，在发行完毕后的规定期限内，基金规模固定不变的投资基金。

（2）根据组织形态的不同，投资基金可分为公司型投资基金和契约型投资基金。公司型投资基金是具有共同投资目标的投资者组成以营利为目的的股份制投资公司，并将资产投资于特定对象的投资基金；契约型投资基金也称信托型投资基金，是指基金发起人依据其与基金管理人、基金托管人订立的基金契约，发行基金单位而组建的投资基金。

（3）根据投资风险与收益的不同，投资基金可分为成长型投资基金、收入型投资基金和平衡型投资基金。成长型投资基金是指把追求资本的长期成长作为其投资目的的投资基金；收入型基金是指以能为投资者带来高水平的当期收入为目的的投资基金；平衡型投资基金是指以支付当期收入和追求资本的长期成长为目的的投资基金。

（4）根据投资对象的不同，投资基金可分为股票基金、债券基金、货币市场基金、期货基金、期权基金、指数基金和认股权证基金等。股票基金是指以股票为投资对象的投资基金；债券基金是指以债券为投资对象的投资基金；货币市场基金是指以国库券、大额银行可转让存单、商业票据、公司债券等货币市场短期有价证券为投资对象的投资基金；期货基金是指以各类期货品种为主要投资对象的投资基金；期权基金是指以能分配股利的股票期权为投资对象的

投资基金；指数基金是指以某种证券市场的价格指数为投资对象的投资基金；认股权证基金是指以认股权证为投资对象的投资基金。

（5）根据投资货币种类，投资基金可分为美元基金、日元基金和欧元基金等。美元基金是指投资于美元市场的投资基金；日元基金是指投资于日元市场的投资基金；欧元基金是指投资于欧元市场的投资基金。

此外，根据资本来源和运用地域的不同，投资基金可分为国际基金、海外基金、国内基金、国家基金和区域基金等。国际基金是指资本来源于国内，并投资于国外市场的投资基金；海外基金也称离岸基金，是指资本来源于国外，并投资于国外市场的投资基金；国内基金是指资本来源于国内，并投资于国内市场的投资基金；国家基金是指资本来源于国外，并投资于某一特定国家的投资基金；区域基金是指投资于某个特定地区的投资基金。

选择基金有哪些注意事项

面对新基金在发行，老基金表现也不错的局面，你怎么选择基金呢？其实在选择基金时，有几个基本要素投资人应该重点了解和把握，这样在选择时就能做到心里有数。

1. 不要以偏概全

有些基金公司会刻意挑选某一两段基金表现最好的时期大肆宣传该基金操作业绩优良，投资人最好搜集这些基金更为长期的净值变化资料作为佐证，以免被误导。

2. 不要忽略起跑点的差异

同类型的基金，因成立时间、正式进场操作时间不同，净值高低自然有别。

3. 不要忘记“分红除息”因素

基金和股票一样，在分红配息（收益分配）基准日，“红利”必须从净值中扣除。因此在计算基金净值成长率时，必须把除息的因素还原回去。

4. 要避免“跨类”比较

同类型的基金才能放在一起比较业绩，股票型和债券型基金的主要投资标的不同，对应的风险不同，混合在一起评断业绩显失公平。

可通过哪些渠道购买基金

通常，投资者可通过以下三个渠道来购买基金：

1. 通过证券公司购买基金

证券公司是一个传统的基金代销渠道。

证券公司，尤其是大型证券公司一般代销的基金比较齐全，而且一般支持网上交易，这是它的巨大优势。对于投资者来说，跑一趟就能解决所有问题，而且将来做基金转换等业务也比较顺畅。而且在证券公司申购基金能够得到打折的优惠。

证券公司渠道对于既是股民又是基民的投资者来说就更方便些。他们不需要再开立资金账户，可以用原有的资金账户统一管理自己的股票资产和基金资产，可以方便、灵活地进行理财，更加灵活、合理地配置资产，防范风险。

2. 通过银行柜台和网上银行购买

银行是最传统的代销渠道，通常基金公司会将该只基金的托管行作为主代销行，你只需到该银行开户即可购买。

很多投资者比较喜欢到银行去购买基金，因为银行有着良好的信誉以及众多的网点，让人觉得安全、放心、便利。随着银行逐渐改善其服务质量，投资者也能得到比以前更好的服务。

但不要忽视银行代销也有一些不足之处。其代销的基金品种往往有限，各家银行代销的品种也不同，有时一家银行不会代销一家基金公司旗下的所有基金，如果投资者要买多种基金不得不往返于几家银行，而且如果一家银行不能代销某家基金公司的所有基金，投资者将来要做这家基金公司的基金转换业务也会有麻烦。所以投资者在银行申购基金，需要事前了解好这方面的情况，以免将来被动。

通过银行申购一般不能得到申购费打折优惠，这或许就是银行方便所带来的代价吧。

特别突出的是网上购买方式。网上购买基金除了费率优惠之外，还省去了跑银行的时间，更不用排队等候。只要在电脑前轻轻点击鼠标，交易轻松完成。这是目前最流行的交易方式。有些投资者，尤其是年纪较大的投资者对网上银行的安全性表示怀疑，其实大可不必。现在网上银行设置了完善的安全认证系统，比如，工行预先设立了预留验证信息及口令卡，浦发行采用的是手机

即时密码，这些都有效地保护了我们的资金安全。当然，如果投资者还不放心，便可以使用U盾等数字证书系统。

3. 通过基金公司直销中心购买

基金公司直销分为两种：柜台直销和网上直销。柜台直销一般服务高端客户，所以有专业人员为你提供咨询服务和跟踪服务，而且可以享受打折优惠。网上直销对于广大中小投资者是个便利的渠道，投资者只要办理了银行卡就可以采用这个渠道买卖基金。

由于基金公司在网上进行直销，大大节省了中间环节和费用，所以它们会将节约下来的费用反馈给投资者，很多基金公司的网上直销费率可以打4折，这显然是个优势。而且它不受地点的限制，就是在外地也可以进行操作。它没有时间限制，24小时提供服务。由于它节省了代销的环节，所以相比通过银行和证券公司代销机构操作，赎回基金后资金能够更快到账。

基金公司直销也有其不足之处，例如，一家基金公司认可一种银行卡，如果投资于多家基金公司的基金就需要办理多张银行卡，这比银行和证券公司渠道要麻烦。不过现在兴业银行的银行卡受到比较多的基金公司的认可，在一定程度上解决了这个问题。由于在一家基金公司开户只能购买该公司的基金，不能购买其他公司的基金，所以要多买几家的基金，就要在多家基金公司开户。对于银行与基金公司之间的转账，银行会收取费用。对于收取标准，基金公司会明示。

哪种基金购买渠道适合你

对于有较强专业能力（能对基金产品分析、能上网办理业务）的投资者来说，选择基金公司直销是比较好的选择，只要自己精力足够，可以通过产品分析比较以及网上交易自己进行基金的投资管理。

对于年纪稍大的中老年基金投资者来说，他们的接受能力比较弱，而又偏向于传统交易方式，比较适合银行网点及身边的证券公司网点，利用银行网点众多的便利性完成基金投资，或者依靠证券公司客户经理的建议通过柜台等方式选择合适的基金购买。

对于工薪阶层或年轻白领来说，更加适合通过证券公司网点实现一站式管理，通过一个账户实现多重投资产品的管理，利用网上交易或者电话委托进行操作，辅助证券公司的专业化建议来提高基金投资收益水平。

买新基金好还是旧基金好

买新基金好还是旧基金好，这是很多基民面临的一个困惑。

很多基民都热捧新基金，认为新基金比旧基金好。这除了一些销售渠道的误导和宣传之外，基民本身的错误观点也是一大原因。在市场上，关于新基金的错误观点主要体现在以下几个方面：

新基金便宜，买到的份额多，所以合算。其实，投资基金的收益是以投资总额的最终收益率来衡量的，与份额的多少没有关系。

老基金购买的股票已经在高价位了，新基金将会买低价位的股票。这种观点也是错误的。基金的投资运作有着严格的流程，估值高的股票会被卖出，估值低的股票会被买进，因此，市场上不存在新基金专门买低估值股票的现象。

那么到底选择新基金还是老基金?

其实，不管是新基金还是旧基金，只要能为我们带来收益就是好基金。

在市场看多、未来走势上升的行情里，老基金虽然净值已经很高了，但所持有的股票上涨，净值必然继续增长；而新基金满仓货币，货币本身不能生钱，要想升值就要建仓，但在股票普涨的行情里，新基金建仓成本必然高。而在市场看空、未来走势下跌的行情里，新基金建仓成本低，老基金持有股票市值下跌导致净值下降。因此，一般说来，市场上涨行情时，买老基金较好；市场调整行情里，新基金则较有优势。

因此，购买基金，不在于基金的新旧，本质上在于这个基金的投资风格是不是符合你的需求。当我们需要一个激进的基金的时候，就一定要选择一个股票基金。认购新基金也好，申购老基金也好，目标都是在股票基金的范围内。千万不要因为一个基金是新发行的，就投入大量的资金，这种事情风险太大。单纯的喜新厌旧肯定不是好的选择。

如何正确看待基金净值

基金净值是基民经常会听到的一个名词，也是让很多基民困惑的一个词，因为他们不知道基金是高净值好还是低净值好。

我们先了解一下基金净值的概念。

投资者在查询基金净值的时候，经常会碰到两个净值——单位净值和累计净值。累计净值代表单位净值加上基金成立后每份额分红的总和，也就是加上了过往基金分红之后的净值。用公式表示如下：

累计净值 = 单位净值 + 基金成立后每份额累计分红

例如，截至 2007 年 4 月 9 日，A 基金的单位净值为 1.20 元，累计净值为 2.20 元。这说明 A 基金成立以来每份额累计分红 1 元（可能是多次分红）。如果你在 2007 年 4 月 9 日收盘前申购该基金，是按 1.20 元的单位净值成交。

累计净值包含了基金过往分红的信息，能够较为充分地说明该基金成立之后的投资运作成果。因此，看一只基金的业绩，不能单看单位净值，还应结合累计净值来看。

那么我们该如何看待基金净值呢？

1. 高净值一般会有高回报

选基金自然是选择基金经理的操作能力。如两只差不多同一时期成立的基金，同样运作了半年后，一只的净值上涨为 1.8 元，一只的净值还只有 1.5 元，赚钱能力孰强孰弱一目了然。并且，高净值基金不等于它持有股票的价格已被高估。好的基金经理，对他所选股票有自己的目标价格，当他持有的股票被高估时，他就会获利了结，然后再买他认为价格被低估的股票，所以高净值基金里，未必有价格被高估的股票。

2. 选择低净值要谨慎

一般来说，买新发行的基金，“面值”才 1 元，相比之下，确实比较“便宜”。但是选择基金应该更看重基金公司的过往业绩、投资团队，同时还要注意观察，基金公司是不是在乎投资者的利益。而这些，在有一定“历史”的基金公司运作过程中更容易看出来，投资者在买基金前，要多做一些深入了解。

因此，给投资者的建议是，选择基金时不要把净值的高低作为唯一的选择标准。高净值不一定不好，低净值也不一定绝对好，在选择的过程中我们一定要结合基金公司及经理的过往业绩等综合判断。

如何打造健康的基金组合

随着市场的持续震荡下跌，越来越多的投资者变得更加关注资产的安全稳健性。很多人都想知道在当前的市场环境下应该如何降低风险，从而减少损失。理财专家表示，投资人应该根据自身风险承受能力，搭建投资组合，从而有效地降低单一投资风险。

现代投资理论告诉我们，建立资产组合，将资产分散化，能够分散单一市场或单一投资工具自身的非系统性风险，从而降低资产面临的风险。对于基金投资者而言，构建一个好的基金组合，与挑选一只好的基金同样重要，精心构建的组合和随心拼凑的组合，其结果可能大不相同。在构建基金投资组合时，应该实现资产的分散化，以控制风险。

目前，从国内大部分基金投资者的基金组合配置来看，偏股型基金比重过大。基金组合"超重"的特点，既是牛市中基金赚钱效应诱导的结果，更是国内基金投资人投资理念不成熟的表现。诚然，在市场上涨的时候，这类组合能够更充分分享股市的上涨收益，但在市场震荡下行过程中，过高比例的偏股型基金组合往往把投资者推到风口浪尖，很多人因此遭受了巨大损失。

其实，投资者可以根据自身的风险承受能力，将一部分资产投资于债券型基金。一方面，债券型基金不同于股票型基金，自身的风险较低；另一方面，股市和债市的发展往往是互补的，有时候像跷跷板，股市乌云笼罩时，债市可能阳光普照。通过投资债券型基金、打造健康的投资组合，投资者可在一定程度有效地规避市场风险。

理财专家建议，不同类型的投资者可以根据自身特点选择适合自己的资产组合，通过资金在不同风险投资品种中的合理配置，达到长期规划、健康投资、有效理财的目的。

如何办理定期定额基金投资

投资者到基金代销网点办理"定期定额投资计划"业务申请时，会与销售机构签订约定定期定额投资合同，合同中规定每月执行申购的时间及申购金额， 由销售机构于每月约定申购日在投资者指定资金账户内自动完成扣款和基金申购申请。

销售机构每月在约定日扣款一次，如果当日余额不足，则申购不成功，即使第二天补足金额，也不能办理；如果在扣款日因投资者选择了多只基金扣款，但资金账户余额不足，则银行按基金代码从小到大顺序依次扣款，无法扣款的基金按交易失败处理。

有些银行规定，如当期扣款不成功，代销网点将不再为投资者办理当期定期定额的申购业务，下期的定期定额申请将继续执行；如果连续三个月扣款不成功，则自动取消此项业务。投资者办理变更、终止定投计划时，须注意以下事项：

(1) 投资者变更每期扣款金额、扣款日期、扣款账户等，须携带本人有效身份证件及相关凭证到原销售网点申请办理业务变更，具体办理程序遵循销售网点的规定。签订定期定额投资协议后，约定投资期内不能直接修改定投金额，如想变更只能到代理网点先办理"撤销定期定额申购"手续，然后重新签订《定期定额申购申请书》后方可变更。

(2) 投资者终止"定期定额投资计划"，须携带本人有效身份证件及相关凭证到原销售网点申请办理业务终止，具体办理程序遵循销售网点的有关规定。客户如想取消定投计划，除了赎回基金外，还应到销售网点填写《定期定额申购终止申请书》，办理终止定投手续；也可以连续三个月不满足扣款要求，以此实现自动终止定投业务。

(3) "定期定额投资计划"业务变更和终止的生效日须遵循销售网点的具体规定。

什么人适合定期定额投资基金

一般来说，以下投资者适合定期定额买基金：

第一，领固定薪水的上班族，尤其是那些刚走入社会的年轻上班族。上班族一般无法亲自在营业时间到金融机构办理申购手续，刚上班的青年也没有更多的积累，选择以小额资金去购买基金，采用定期定额投资计划，每月自动于银行账户中扣款，既省时又省力。

第二，有特殊需求者，如需筹备子女的教育基金、退休养老基金等。提早以定期定额投资基金，不但不会造成经济上的负担，还能让每月的小钱在未来变成大钱，不必为未来大额的资金需求烦恼。

第三，退休族。老年人最好不要将退休金都存在活期储蓄账户上或是放置在家中，要通过适当的操作实现利息最大化。比如，通过定期定额买货币基金以增加利息收益。

第四，不喜欢承担过大投资风险者，觉得股票市场起起落落、投资风险太大，难以忍受。对于以上定期定额投资者来说，既可有效地管理自己的资产，又达到了预期的效果。所以说"定期定额投资基金"是非常省时省力的投资

方法。

收入不稳定的投资者也应慎用定期定额投资。这种投资方式要求按月拿出一定资金供基金公司扣款。按基金公司规定，扣款日内投资者账户资金余额不足，即被视为违约；超过一定的违约次数，定期定额投资计划将被强行终止，由此可能会给投资者带来一定的损失。所以，收入不稳定的投资者应尽量采用一次性购买、多次购买等方式来投资基金。

并不是所有的基金都适合定期定额投资的，投资者一定要对基金的业绩进行综合衡量和分析，然后选择基金净值高、增长幅度快的基金进行定期定额投资。如果没有很好的定期定额投资基金品种，干脆就继续零存整取，或者自己去寻找其他的投资渠道。

另外，采用定期定额的方式申购基金必须要有长期投资的打算，如果投资人在定期定额买进基金后，因某种原因而办理赎回，就无法体现“长期均摊成本”的优势，也就难以达到定期定额的投资效果。

基金定投为什么会赔钱

很多人有这样的疑问：同样是做基金定期定额的投资，为何别人大赚，而自己却赔钱？

其实，这个差距的关键原因就在于态度和执行过程。你也许犯了以下五个错误中的某一个甚至是全部：

1. 只买排名靠前的基金

过往业绩不代表未来表现。这句话很多投资者都听过、见过，但却很容易忽略其中所包含的意思。随着我国基金行业的发展势头增长，基金业绩每年排名变化其实很大。定投的基金最好是可以长期战胜大盘并超越同类基金的产品，短期回报率第一名的基金不一定是最好选择。

2. 只买一只基金

仅买一只基金就像把鸡蛋都放在了一个篮子里。然而，也不要以为买了不同家基金公司的基金就是分散风险，有可能还是买的同类型的基金产品，这就像是在赌博，运气好时持有的基金全部大涨，运气不好的时候就一起跌。我们并不鼓励一位投资者投资于很多只基金产品，但是如果要做到真正的分散投资，就意味着基金投资组合中应包含不同区域、不同投资特性的投资标的，这样才可以真正有效地分散风险。

3. 基金净值一下跌就扣款

基金的净值不会一直稳定地向上走，总会遇到下跌的时候，这时是考验投资者定力的时候。其实，最好的应对净值下跌的方式应该是审视原因。是市场走势发生了反转，还是仅仅是短暂的波动？如果无法判断根本原因，但是对于经济和市场的前景仍然保持信心，就不应该贸然停止扣款。

4. 购买后就不再打理

虽然定期定额强调的是长期投资，这也并不意味着扣款之后就可以束之高阁、置之不理了。经济形势的变化、市场前景的变化、基金公司或基金经理的变动，都可能导致基金业绩下滑。因此投资者也要定期对基金进行检视，并根据自己理财目标的变化，设定目标收益点进行机动调整。

5. 不给基金成长的时间

基金投资本身就是一个长期的理财行为，而定期定额投资就更需要投资者树立“长期投资”的理念。比如今年上半年的高位进场的投资者，就会发现自己的定投越扣越赔，干脆“愿赌服输”出场了。其实，定投必须经历完整的投资景气循环期，才能够达到分散投资、降低风险的目的。

投资基金有哪些省钱渠道

省钱才是硬道理。如何通过降低购买费用而达到提高基金收益的目的？以下六个路径可供参考：

（1）选择购买新基金。新基金的认购费率相对于老基金的申购费率，一般会低 0.3 个百分点。投资者以认购方式购买基金，也就等于间接增加了基金的收益。

（2）选择后端收费，利用时间价值节约手续费。一般基金产品均有后端收费的时间性规定。只要投资者持有一定的时间，就会分享手续费方面的优惠。持有基金产品的时间越长，享受的优惠越大，直到手续费为零。因此，对于长期投资者来讲，后端收费模式是应当考虑的。

（3）投资货币市场基金。货币市场基金认购费、申购费、赎回费都为零，资金进出非常方便，既降低了投资成本，又保证了流动性。当然，天下没有免费的午餐，基金收费低廉也决定了其收益的有限性。

（4）利用保本型基金的避险期分享费率的优惠。保本基金一般设置了递减的赎回费率以阻止提前赎回，越早赎回的基金所付出的赎回费用越高。如国泰

金鹿保本（二期）持有半年内赎回的费率为 1.8%，持有半年到两年之内为 1%，持有到期则降为零。因此，投资者持有基金的时间越长，越能够分享基金给予的费率优惠。

（5）投资债券型基金选择 C 类。C 类是没有申购费，即无论前端还是后端，都没有手续费，但收取销售服务费。销售服务费和管理费类似，按日提取，且销售服务费按前一日 C 类基金资产净值的一定比例的年费率计提。在债券型基金中，持有基金时间越长，C 类、B 类、A 类的优势依次提高。

（6）选择网上交易，分享日常申购基金产品而得到的费率优惠。一般来讲，网上交易方便快捷，而且成本低，网上打折将使投资者直接分享基金的费率优惠。

总之，从大处着眼、小处着手是做事的根本原则，投资者在具体投资过程中也需要对基金投资的成本细节予以相应的关注。

第十七章　债券投资
——安全与财富的结合体

怎样才能买到好债券

挑挑选选，到底要买什么样的债券，你的心里可能还没有定论。

该如何挑选，利用什么样的规则挑选?

从总体上看，人们进行债券投资，看中的就是债券三大特点：相对的安全性、良好的流动性以及较高的收益性。但是，债券发行的单位不同，其他因素也不同，所以这三种特点在各种债券上的体现也不同。这就需要投资者首先对其进行分析，然后再根据自己的偏好和实际条件作出选择。

其实，选择债券，有“三挑”，按照这三个来，肯定能挑到好债券。

一挑：安全性

安全性，总是被摆在首位。因为这也是债券的最大特点。国库券以其特有的优势——有国家财政和政府信用作为担保，而在各种债券中脱颖而出。它的安全程度非常高，几乎可以说是没有风险。金融债券相对就略输一筹，好在金融机构财力雄厚、信用度好，所以仍有较好的保障。企业债券以企业的财产和信誉作担保，与国家和银行相比，其风险显然要大得多。一旦企业经营管理不善而破产，投资者就有可能收不回本金。所以，想要稳定投资，国库券和金融债券都是不错的选择。

现在，国际上也流行一种对债券质量进行考察的方法，就是评定债券的资信等级。即根据发行人的历史、业务范围、财务状况、经营管理水平等，采用定量指标评分制结合专家评判得出结论，然后给债券划分出不同等级，以作为投资者的参考。可以说，债券的资信等级越高，表明其越安全。但这种等级评价也不是绝对的，而且有很多债券并没有评定等级，因此，购买债券最好能做到对投资对象有足够的了解，再决定是否投资。

二挑：流动性

金融债券不流通，就等于是一堆废纸，而且其价值也就体现在流通的过程中。所以流动性的对比分析，自然是少不了的。

分析债券的流动性，要看以下两点：

第一，看债券的期限。期限越短，流动性越强；期限越长，流动性越弱。这两者之间的关系是互逆的，但是很好理解。因为，债券如果一直在流通的过程中，那它的无形损失就会减少，而如果一直处于静止状态，就很容易造成财产的隐性流失。

第二，看债券的交易量。债券交易量越大，交易越活跃，说明债券的“质量”越好，等级越高，而其流动性也就越强。其实，流动性背后还隐藏着一些很重要的信息。因为如果某种债券长期不流动很可能是发行人不能按期支付利息，出现了财务上的问题。因此，进行债券投资，一定要观察流动性，尤其是以赚取买卖差价为目的的短线投资者。

三挑：收益性

没有比收益更值得你关注的事情了。根据投资的原理，风险与收益成正比。如果你想得到高回报，就应将钱投在风险高的债券上。而这时候，债券的选择顺序就变成了企业债券——金融债券——国债。有的人希望风险和安全能两全，尽管这很难兼顾，但是也不妨根据自己的条件来进行比较分析，选出自己满意的收益率。

选择什么样的国债

国债一向有“金边债券”的美誉。可见在大家眼中，国债的地位不是其他债券可以取代的。而且多年来购买国债的传统，也让人们对国债有很大的依赖。

目前，我国个人投资者可购买的国债共分两大类：一类为可上市国债，包括无记名式国债和记账式国债两种；另一类为不可上市国债，主要是凭证式国债。

凭证式国债并非实物券，现在可以在各大银行网点和邮政储蓄网点购买。它由发行点填制凭证式国债收款凭单。主要内容包括购买日期、购买人姓名、购买券种、购买金额、身份证号码等。凭证式证券的特点是：不能上市交易、随意转让，但变现灵活，提前兑现时按持有期限长短取相应档次利率计息，各

档次利率均高于或等于银行同期存款利率，没有定期储蓄存款提前支取只能按活期计息的风险，价格（本金和利息）不随市场利率而波动。凭证式国债类似储蓄又优于储蓄，通常被称为“储蓄式国债”，是以储蓄为目的的个人投资者理想的投资方式。

记账式国债又称无纸化国债，通过交易所交易系统以记账的方式办理发行。投资者购买记账式国债必须在交易所开立证券账户或国债专用账户，并委托证券机构代理。因此，投资者必须拥有证券交易所的证券账户，并在证券经营机构开立资金账户才能购买记账式国债。和凭证式国债不同，记账式国债可上市转让，价格随行就市，有获取较大利益的可能，也伴有相当大的风险，期限有长有短。

无记名式国债为实物国债，是我国发行历史最长的一种国债。投资者可在各银行储蓄网点、财政部门国债服务部以及承销券商的柜台购买，缴款后可直接得到由财政部发出的实物券或由承销机构开出的国债代保管单。有交易所账户的投资者也可以委托证券经营机构在证券交易所场内购买。无记名式国债从发行之日起开始计息，不记名也不挂失，一般可上市流通。

不过，大多数投资者购买的主要是凭证式国债和记账式国债两种。现我们将对其进行一下比较。凭证式国债和记账式国债特点各异，一般，投资者可结合自身情况进行取舍。不过有相关专家指出，后者比前者更适合投资。

因为：第一，从收益率来看，记账式国债要比凭证式国债的收益率高。第二，从交易成本来看，记账式国债也比凭证式国债少。假定记账式国债在交易所流通的手续费与凭证式提前兑取的手续费同为 3%，但记账式国债可以按市价在其营业时间内随时买卖，而凭证式国债持有时间不满半年不计利息，持有 1 年以后按 1 年为一个时段计付利息，投资者如提前兑取，须承担未计入持有时间的利息损失。

如何买卖国债

好收益来自于好“买”、“卖”，抓对了时机，选对了品种，你就能经营出一份财富。而国债，由于其具有低风险特点，备受人们推崇。人们因此常常思考，如何买卖国债可以得到较高收益？

1. 注意一、二级市场收益率

买国债时，要先看它的收益率：收益率 =（出售价 – 购买价）/时间。如在一级市场上购买国债后持有到期，兑付时的收益率就是票面利率。在一级市场买国债，有人认为收益率一定比二级市场的收益率高，其实未必。目前我国利率体系主要是以计划利率为主，国债的发行虽然有一部分是采取招标的方式进行，票面利率与市场利率比较吻合，但仍然有一部分国债是政府直接确定利率来发行的。这样难免会导致国债发行利率与市场利率不一致，要么偏高，如1992年发行时出现热销；要么偏低，如1997年发行的无记名式国债，票面利率为9.18%（3年期），而当时二级市场上的收益率在10%以上，这期国债一上市就跌破了面值，这样在一级市场上购买还不如在二级市场上购买。因此，进行国债投资时要比较一、二级市场不同国债品种的收益率，选择收益率较高的品种投资，不要只盯着一级市场。

记账式国债的二级市场价格波动也有规律，往往在证交所上市初期出现溢价或贴水。稳健型投资者只要避开这个时段购买，就能规避国债成交价格波动带来的风险。对偏爱国债的投资者，电子式储蓄国债的问世，开辟了新的理财方式。据悉，储蓄国债的期限较长，并设置多个持有期限档次。例如，投资者可在持有满3年、5年、7年后选择兑付与持有。金融专家认为，与凭证式国债不能交易流通，也不能提前兑付，需要资金时只能抵押融资相比，储蓄国债更多地考虑了投资者的流动性需求。

2. 券种多组合

目前，我国发行的国债种类很多，有记账式、凭证式、无记名式；从期限上看有长期（10年期、7年期）、中期（5年期、3年期、1年期）、短期（半年、3个月）等，投资者可以根据自己的资金使用情况合理选择券种。如果长期投资国债，并只想持有到期兑付，应选择不可上市的凭证式国债或其他可上市的较长期国债；如果短期投资国债，则可投资上市的国债，在需要时，可方便地买入或卖出兑现，并获取一定的收益。

3. 分析预测利率走势

国债是以国家信用为基础，投资国债具有很高的安全性。但是，在二级市场买卖国债就具有投资风险。也就是说，当投资者购买（或卖出）国债以后，市场利率上扬（或下跌），国债价格必然下跌（或上涨），投资者将会蒙受损失（或赢利）。因此，投资者应注意分析我国经济发展情况，对今后的利率走势作出预测。当经济发展比较稳定，宏观经济调控成效明显，通货膨胀率持续稳定在低水平时，政府为刺激投资和消费，支持经济发展，会调低利率。因此，在预测今后市场利率将走低的情况下，国债价格将会上扬，这时，应该从二级市场上买入国债；当经济高速发展，通货膨胀居高不下，投资需求和消费需求过热时，政府为抑制过度投资和消费，防止产生“泡沫经济”，会提高利率，国

债价格将会下跌，这时，应该在二级市场中卖出国债。

国债交易的策略

国债交易需要一定的策略。记账式国债虽然与凭证式国债都有固定的利息收入，但是价格在波动，这就意味着如果低买高卖，就能赚取差价。与股票不同，国债的波动总会在一个合理区域内，因此能够赚取的差价收益远小于股票，但风险也要小得多。

由于国债对利率较为敏感，买入的时机不一定选择在发行时，投资者完全可以等到国债出现大幅下跌之后再考虑买入。由于其面值为 100 元，利息是固定的，因此一旦价格跌破 100 元，相应的实际收益就会提高。例如，2003 年发行的 7 年期国债，发行面值 100 元。票面年利率 2.66%，但由于目前交易价格仅为 89.1 元，因此实际年利率达到了 4.73%。在国债市场要成功做到低买高卖，就一定需要重点考虑同期限品种的实际收益率。比如，如果市场 7 年期的实际利率均在 3%，而目前有一只 7 年期国债的实际收益率却达到了 5%，由于其实际收益率高，在选择同样品种时，投资者应买入 5%的 7 年期国债。由于买的人多，而卖的人少，其实际收益率就会逐步向 3%靠近，价格就会出现上涨，如果以此作差价，就能在短时间内获得 2%的收入。

另外，对国债影响较大的是利率，如果市场对于银行利率的增加较为强烈，则国债价格将下跌，风险最大的是长期债；反之，利率如果有所下降，长期债会受到追捧。

债券投资不是没缝的鸡蛋——隐藏的风险

试问，在投资的一切形式里，能没有“风险”这两个字吗？不能。所以，你就不要妄想投资债券能为你规避所有的风险。从某种角度看，世界上没有不存在风险的事物。

债券，作为一种金融投资工具，它的风险主要有以下几种：

1. 利率风险

利率风险是指利率的变动导致债券价格与收益率发生变动的风险。这主要与国家的宏观经济调控有关系。一般，利率同债券价格呈相反的运动趋势：当利率提高时，债券的价格就降低；当利率降低时，债券的价格就上升。为了减小这种风险带来的损害，你应当在债券的投资组合中、长、短期配合。不论利率上升或者下降，都有一类可以保持高收益。

2. 价格风险

债券市场价格常常变化，若其变化与投资者预测的不一致，那么，投资者的资本将遭到损失。这点就是债券本身带有的风险。要规避它就只能靠投资者的眼光和长远的谋划。

3. 违约风险

在企业债券的投资中，企业由于各种原因，比如管理不善、天灾人祸等，可能导致企业不能按时支付债券利息或偿还本金，而给债券投资者带来损失的风险，就存在着不能完全履行其责任的可能。

为了减少这种风险，投资者在投资前，不妨多了解一下公司经营情况，再参照一下相关部门对企业的信用评价，然后做决策。

4. 通货膨胀风险

债券发行者在协议中承诺付给债券持有人的利息或本金的偿还，都是事先议定的固定金额。当通货膨胀发生时，货币的实际购买能力下降，就会造成在市场上能购买的东西相对减少，甚至有可能低于原来投资金额的购买力。对于这种风险，你最好在投资国债时，也投资一些其他的理财项目，如股票、基金等。

5. 变现风险

变现风险是指投资者在急于转让时，无法以合理的价格卖掉债券的风险。由于投资者无法找出更合适的买主，所以就需要降低价格以找到买主。为此他就不得不承受一部分金钱上的损失。

针对这种风险，你最好尽量选择流动性好的，交易活跃的债券，如国债等，便于得到其他人的认同，也可以在变现时更加容易。

6. 其他风险

（1）回收性风险。有回收性条款的债券，因为它常常有强制收回的可能，而这种可能又常常发生在市场利率下降、投资者按券面上的名义利率收取实际增额利息的时候，投资者的预期收益就会遭受损失。

（2）税收风险。政府对债券税收的减免或增加都会影响投资者对债券的投资收益。

（3）政策风险。政策风险指由于政策变化导致债券价格发生波动而产生的风险。例如，突然给债券实行加息和保值贴补。

第十八章　外汇
——时尚的投资项目

外汇的几种交易方式

当涉及实战内容时，外汇的几种交易方式就是你必然要了解的内容。一般在外汇交易中，存在着如下几种交易方式，即期外汇交易、远期外汇交易、外汇期货交易、外汇期权交易。

1. 即期外汇交易

即期外汇交易又称为现货交易或现期交易，是指外汇买卖成交后，交易双方于当天或两个交易日内办理交割手续的一种交易行为。即期外汇交易是外汇市场上最常用的一种交易方式，即期外汇交易占外汇交易总额的一大半。主要是因为即期外汇买卖不但可以满足买方临时性的付款需要，而且可以帮助买卖双方调整外汇头寸的货币比例，以避免外汇汇率风险。

2. 远期外汇交易

跟即期外汇交易相区别的，远期外汇交易是指市场交易主体在成交后，按照远期合同规定，在未来（一般在成交日后的 3 个营业日之后）按规定的日期交易的外汇交易。远期外汇交易是有效的外汇市场中必不可少的组成部分。20 世纪 70 年代初期，国际范围内的汇率体制从固定汇率为主导向以浮动汇率为主导转变，汇率波动加剧，金融市场蓬勃发展，从而推动了远期外汇市场的发展。

3. 外汇期货交易

随着期货交易市场的发展，原来作为商品交易媒体的货币（外汇）也成为期货交易的对象。外汇期货交易就是指外汇买卖双方于将来时间（未来某日），以在有组织的交易所内公开叫价（类似于拍卖）确定的价格，买入或卖出某一标准数量的特定货币的交易活动。这里，有几个概念人们可能有些模糊：①标准数量，特定货币（如英镑）的每份期货交易合同的数量是相同的，如英镑期货交易合同每份金额为25000英镑。②特定货币，是指在合同条款中规定的交易货币的具体类型，如3个月的日元，6个月的美元等。

4. 外汇期权交易

外汇期权常被视做一种有效的避险工具，因为它可以消除贬值风险以保留潜在的获利可能。上面我们介绍的远期交易，其外汇的交割可以是特定的日期（如5月1日），也可以是特定期间（如5月1日~5月31日）。但是，这两种方式双方都有义务进行全额的交割。外汇期权是指交易的一方（期权的持有者）拥有合约的权利，并可以决定是否执行（交割）合约。如果愿意的话，合约的买方（持有者）可以听任期权到期而不进行交割，卖方毫无权利决定合同是否交割。

目前，我国使用最多的还是个人外汇买卖业务，就是委托有外汇经营权的银行，参照国际金融市场现时汇率，把一种外币买卖成另一种外币的业务，利用汇率的波动，低买高卖从中获利。

凡持有本人身份证，并在有外汇经营权的银行开立个人外币存款账户或持有外钞的个人，都可以在有外汇经营权的银行委托其办理买卖业务。个人外汇买卖业务对想要手中外汇增值的投资者来说有很多好处，不仅可以将手中持有的利息较低的外币买卖成另一种利息较高的外币从而增加存款利息收入，而且可以利用外汇汇率的频繁变化，获得丰厚的汇差。

但是，作为投资者应该清醒地看到外汇投资往往伴随着一定的汇率及利率风险，所以必须讲究投资策略，在投资前最好制订一个简单的投资计划，做到有的放矢，避免因盲目投资造成不必要的损失。

外汇投资的保本之学

一天天的交易，你的资金在一点点减少，而耐心也越来越少。投资这么久，没有成功就算了，反而亏了本金，怎么回事?

对投资者来说，不能成功可能是方法有问题，而保不住本金则一定是方法有问题!

针对如何保住本金，我们此处特地整理了一些投资外汇的基本守则，若能遵守，你想要保本，就更加容易了。

1. 充分了解外汇知识

你要了解自己的性格，是否适合投资外汇；了解自己的资金是否充足；了解整个外汇市场的情况；了解自己要选择的投资品种……总之，首先就要做到充分了解。充分了解是你必走的第一步。

2. 科学利用数据分析

相关专家认为货币的强弱反映该国经济状况的好坏，其强弱虽可能受其他非经济因素的干扰而有暂时的波动，或产生与经济体制相反的走势，但就长期而言，其价位终将回归到与经济状况相称的地步。而若你能科学地利用这些数据，那么对你的投资绝对是大有裨益的。这些数据有：经济增长率、贸易赤字、预算赤字、货币供给量、失业率等。

3. 理性看待市场

一个成功的投资者应当能够控制自己的情感，坚持用效益与风险共存的心态看待市场。投资不是幻想，你不能用自己的情绪来左右投资。任何时候都不要感情用事，一名美国期货交易员曾经说过："一个充满希望的人是一个美好和快乐的人，但他并不适合做投资家。"

而理智投资是建立在对外汇市场全面认识的基础之上，投资者应该冷静而慎重，善于控制自己的情绪，对所要投资或已经投资的外汇进行详细的分析和研究。

4. 决断适度

投资者应当在交易时切记不能过量交易，否则假如你资金不足，仍坚持手上的买卖，可能因资金不足而被迫斩仓。而在适当的时候，你应当让自己进行短暂的休息，若仍坚持在精神状态和判断效率低时进行交易，恐怕只会让你亏钱。

5. 不轻易改变主意

盲目跟风，或者受到旁人影响而做的决定70%可能是错误的。所以你一旦预先定下价位和计划，就不应因任何外界因素的影响而轻易改变决定。真理往往掌握在少数人的手中。别人的意见可以参考，但自己的决定才是真正有执行价值的。

6. 定下止损位置

可以说，这是一个很重要的投资技巧，它至少能帮你保住本金。因为投资市场风险颇高，为了避免投资失误时带来的损失，因此每一次入市买卖前，我们都应该定下止损位置，这样在遇到风险时，便可以限制损失扩大。

外汇买卖的制胜之道

外汇买卖和其他事物一样，都有一定的取胜技巧。因此，投资者不妨参考一下，毕竟“磨刀不误砍柴工”，也许它们能帮你获得更多的收益。

1. 利上加利

利上加利即在汇市对自己有利时追加投资以获取更大利益。但投资者必须对行情判断准确，并且信心坚定。例如，当汇市朝着预测的方向发展，且已升到你预测的某个点时，本来出手即可获利，但如果你不满足这点小小的利润，并坚信汇价还会上涨，而且也无任何表明汇价将下跌的迹象，则应加买，增加投资额。如果行情接着高涨，那么，即使不能全胜，但大胜已是确定无疑了。同样的道理，当汇市明显下落的时候，也可以采用加利技巧，只不过需要改变交易位置罢了。

2. 自动追加

当汇市比较平稳，没有大的波动，而只在某一轴心两边小幅度摆动，即汇市处于盘局时，便可以采用自动追加技巧。具体操作是：当你已确认汇市处于盘局时，便在最高价位卖出而在最低价位买入，如此反复操作。表面上看，这种操作似乎违背了顺势而作的原则，而且每次获利不多，但因为多次反复操作，收益积少成多，总的利润是相当可观的。

3. 积极求和

当你入市后，发现市势向相反方向运动，则必须冷静，认真分析所出现的情况，不可盲目交易。如果你经过认真分析后，确认市势已经见底，不久即可反弹，便可一直追买下去。这样，等到汇价反弹时，便可以逐步获利。即使汇价反弹乏力，也可以抓住机会打个平手。

4. 双管齐下

如果确认行情是上下起伏波动的，呈反复状态，则可以在汇价升到高位时追买，当汇价跌至低位时卖出，以平掉开始入市时的淡仓而套取利润，同时用再一次的高价位入市以平掉前次的追仓获利。这样不仅没有亏损，反而有利可图，这种双管齐下的技巧（即低价位时卖出而高价位时买进），实际上是以攻为守和以守为攻的技法。但运用这一技巧时必须小心，绝不可多用，因为一旦汇市趋势呈单边状况而不是反复波动，就会无法套利平仓。

5. 善用停损单降低风险

在你做交易的同时应确立可容忍的亏损范围，善用停损交易，才不至于出现巨额亏损，亏损范围依账户资金情形，最好设定在账户总额3%~10%，当亏损金额已达你的容忍限度，不要找寻借口试图孤注一掷去等待行情回转，应立即平仓，即使5分钟后行情真的回转，也不要感到惋惜，因为你已除去行情继续转坏，损失无限扩大的风险。你必须拟定交易策略，切记是你去控制交易，而不是让交易控制你，自己伤害自己。

安全炒汇——生活中的外汇投资

同其他国家相比，中国对外汇管制还是比较严格的，但是，这并不证明个人就不能通过投资外汇来实现自己成为百万富翁的梦想。你仍可以有很多途径取得外汇，并玩转外汇！

通常，普通居民合法取得外汇的途径主要有：

（1）专利、版权。居民将属于个人的专利、版权许可或转让给非居民而取得的外汇。

（2）稿费。居民个人在境外发表文章、出版书籍获得的外汇稿费。

（3）咨询费。居民个人为境外提供法律、会计、管理等咨询服务而取得的外汇。

（4）保险金。居民个人从境外保险公司获得的赔偿性外汇。

（5）利润、红利。居民个人对外直接投资的收益及持有外币有价证券而取得的红利。

（6）利息。居民个人境外存款利息及因持有境外货币或有价证券而取得的利息收入。

（7）年金、退休金。居民个人从境外获得的外汇年金、退休金。

（8）雇员报酬。居民个人为非居民提供劳务所取得的外汇。

（9）遗产。居民个人继承非居民的遗产所取得的外汇。

（10）赡养款。居民个人接受境外亲属提供的用以赡养亲属的外汇。

（11）捐赠。居民个人接受境外无偿提供的捐赠、礼赠。

（12）居民个人从境外调回的、经国内境外投资有关主管部门批准的各类直接投资或间接投资的本金。

可见，我们还是可以有很多途径获得外汇的，而且在大城市中，很多人都

拥有外汇。下面的赵小姐就是其中一例。

赵小姐研究生毕业以后，省吃俭用攒了一些钱，并全部用来投资外汇，可不幸的是汇率一降再降，收益微乎其微。失望之余，她深感成为一个富裕的人比登天还难。可是，她并没有灰心，于是在下次发了丰厚的年终奖金时，她又全都买了外汇。原本一开始，小挣了一笔，谁想到，好事不久，汇率又跌了下来。

但世上没有后悔药卖，痛定思痛，经过反思，赵小姐决定再买，长期持有不动摇。经过对相关外汇知识的认真学习和谨慎的选择，赵小姐认购了新的外汇。可是不幸的是，股市动荡，整个经济都受到影响，汇率也受到影响，跌了不少。但这次赵小姐咬着牙没有赎回。苍天不负有心人，赵小姐终于等到了赢利的时候。年底，股市转牛，整个经济都在复苏，汇率也一样，上涨了几个点，赵小姐尝到了甜头，获利颇丰。

可见，个人外汇投资并非轻而易举的事。你要想通过买卖外汇来赚取差价，必须做足各方面的功课，包括获取最真实、最具体、最能表现外汇汇率现状及其走势的资料，评估自己的风险承受能力，确定投资方案，准备相应的投资资金和保证金，了解外汇的投资程序，了解国家相关的金融政策，等等。你只有准备好“战衣”、“战袍”和“武器”，才能保证自己在外汇投资的战场上战无不胜。

第十九章　期货投资
——预言家间的神奇战役

期货交易品种有哪些

有经验的期货投资者都知道，期货投资的新手肯定要先了解期货交易的品种。因为，并不是所有物品都可以成为期货交易的对象。一般在期货交易中，你可以看到的品种主要有商品期货和金融期货两大类。

1. 商品期货

商品期货主要是指货物商品，如大豆、大米、玉米、小麦、铜、铝等作为期货品种的期货。商品期货历史悠久、种类繁多，主要包括农副产品、金属产品、能源产品等。具体而言，农副产品约20种，包括玉米、大豆、小麦、稻谷、燕麦、大麦、黑麦、猪腩、活猪、活牛、小牛、大豆粉、大豆油、可可、咖啡、棉花、羊毛、糖、橙汁、菜子油等，其中大豆、玉米、小麦被称为三大农产品期货；金属产品9种，包括金、银、铜、铝、铅、锌、镍、钯、铂；化工产品5种，包括原油、取暖用油、无铅普通汽油、丙烷、天然橡胶等。

2. 金融期货

金融期货主要是指金融产品，如汇率、利率、股票指数等作为期货品种的期货。金融期货大致包括外汇（汇率）期货、利率期货和股票指数期货三种。

（1）外汇期货：是指协约双方同意在未来某一时期，根据约定价格——汇率，买卖一定标准数量的某种外汇的可转让的标准化协议。外汇期货包括以下币种：日元、英镑、德国马克、瑞士法郎、荷兰盾、法国法郎、加拿大元、美元等。

（2）利率期货：是指协议双方同意在约定的将来某个日期按约定条件买卖一定数量的某种长短期信用工具的可转让的标准化协议。利率期货交易的对象有长期国库券、政府住宅抵押证券、中期国债、短期国债等。

(3) 股票指数期货：是指协议双方同意在将来某一时期按约定的价格买卖股票指数的可转让的标准化合约。最具代表性的股票指数有美国的道·琼斯股票指数和标准普尔500种股票指数、英国的金融时报工业普通股票指数、中国香港的恒生指数、日本的日经指数等。

在市场交易的过程中，对整体期货品种的了解是先前必经的步骤。只有熟悉了期货投资的各个品种才算迈出了期货投资的第一步。

期货投资的交易流程是怎样的

成功的期货交易始于熟悉它的交易过程。在简单了解期货投资后，为了能让你进一步熟悉它，这里就介绍一下期货投资的交易过程以及交易方式。

根据交易的习惯，期货交易的全过程可概括为开仓、持仓、平仓或实物交割。

1. 开仓

开仓是指交易者新买入或新卖出一定数量的期货合约，例如，投资者可卖出10手大豆期货合约，当这一笔交易是投资者的第一次买卖时，就被称为开仓交易。

2. 持仓

在期货市场上，买入或卖出一份期货合约相当于签署了一份远期交割合同。开仓之后尚没有平仓的合约，叫未平仓合约或者平仓头寸，也叫持仓。

3. 平仓或实物交割

如果交易者将这份期货合约保留到最后交易日结束，他就必须通过实物交割来了结这笔期货交易，然而，进行实物交割的是少数。大约99%的市场参与者都在最后交易日结束之前择机将买入的期货合约卖出，或将卖出的期货合约买回，即通过笔数相等、方向相反的期货交易来对冲原有的期货合约，以此了结期货交易，解除到期进行实物交割的义务。

例如，如果你2009年5月卖出大豆期货合约10手，那么，你就应在2009年5月到期前，买进10手同一个合约来对冲平仓，这样，一开一平，一个交易过程就结束了。这就像财务做账一样，同一笔资金进出一次，账就做平了。这种买回已卖出合约，或卖出已买入合约的行为就叫平仓。交易者开仓之后可以选择两种方式了结期货合约：要么择机平仓，要么保留至最后交易日并进行实物交割。

在期货交易的过程中，有很多种交易方式，尤其是网络的发达带来的通信发达，使得交易途径更加宽广、快捷。我们可以先了解一下有哪些方式，以做参考。

首先，是传统的交易方式——书面方式和电话方式。书面方式是客户在现场书面填写相关单据，传达自己的指令，通过期货经纪公司的盘房接单员将指令下达至交易所；电话方式是客户通过电话将指令下达给期货经纪公司的盘房接单员，接单员在同步录音后再将指令下达至交易所。

其次，是随着科技进步出现的电子化交易方式。

(1) 计算机自助委托交易是指客户在交易现场，通过电脑（该电脑通过期货经纪公司的服务器与交易所交易主机相连接）进行交易。

(2) 电话语音委托交易是指客户通过电话键盘将交易指令转化为计算机命令，再由计算机传输给交易所主机。由于其操作过程非常烦琐，必须按照提示语音分步骤完成，每个步骤之间还有等待，操作起来很麻烦也很费时。虽然期货经纪公司推出了这种交易方式，但是用的人很少。

(3) 网上交易是指利用互联网进行交易。网络不受地域限制，且具有成本低、成交及回报快、准确率高等优点，故深受交易者和期货经纪公司的欢迎，也是目前推广速度最快的一种交易方式。但是在网上交易，一定要时刻注意防止病毒和黑客的入侵，否则交易信息很容易丢失。

股指期货套期保值策略

在股指期货市场，当期货与股票结合起来的时候，投资者就可以将其在股票市场上预测到的风险转到期货市场。因为他可以通过股指期货的买卖来消除股票市场上风险的影响。

股指期货套期保值是通过在期货市场上建立一定数量的与现货交易方向相反的股指期货头寸，以抵消现在或将来所持有的股票价格变动带来的风险。这点在现货市场是做不到的。而在股指期货上市后，产生了相对现货的期货产品，有了套期保值的基础，于是套期保值便成为可能。一般套期保值主要有下面两种形式：

1. 空头套期保值

它是指股民为避免股价下跌而卖出股指期货来对冲风险。特别是股票价格从高位下跌时，大多数投资者还不愿放弃，希望能继续观察，以确定这次回落是熊市的开始或只是一次短暂回调。而此时就可以通过卖空股指期货部分或全部以锁定赢利，待情况明朗后再选择是否卖出股票。

2. 多头套期保值

它是指准备购买股票的投资者，为避免股价上升而买入股指期货，操作与空头套期保值的方向相反。通过在股票市场和期货市场上的同时操作，既回避了部分市场风险，又可以锁定投资者已获得的赢利。

而在实际操作过程中，套期保值还应当遵循以下原则：

1. 品种相同或相近原则

品种相同或相近的期货，能够保证两种互逆的交易可以顺利进行，价值也可以基本相同。否则，很可能在套期的过程中会出现差价，反而不能实现保值。

2. 月份相同或相近原则

套期保值重要的在于保值，所以，一旦风险出现，第一想到的就是能保住本金。如果两个期货交易的月份不同，那么不同时间段有不同的市场形式、不同的价格，也起不到套期保值的作用。

3. 方向相反原则

风险是套期保值所要规避的主要对象，所以两份期货合约的方向应当相反，以一份的赢利抵消另一份的风险。

4. 数量相当原则

这个原则同第二个基本相同，一是要实现保值；二是为了不造成不必要的资源损失。

生活中，利用股指期货进行套期保值是一种比较复杂的操作方法，不宜贸然采用。普通投资者应当在仔细学习它的相关内容后，再开始运用。并且应牢记“从小到大”的原则，在技术慢慢成熟后，再逐步扩大操作的量。

期货投资反向操作策略

投资者参与期货投资，为了完成进场—加码操作—出场—进场的循环操作，必须采取反向操作策略，即反做空。但是因为风险的不同，我们尽量不要以期货部位做空，有一种较安全，但成本稍高的方法，就是以选择权的方式操作——买进卖权。

有经验的投资者在操作时发现：在商品的高档时，因为行情震荡激烈，期

货投资进场点的决定和风险控制会变得较困难。但若以选择权来操作，可以使风险固定，再用资金管理的方式来决定进场点，就可以建立仓位。

在这里，使用选择权的好处就是不用理会行情，只要在到期价格大跌，你就可以获利。可若是同一笔资金用来作期货的停损，怕是经不起这样的折腾，早就赔光了，因此，投资者实施选择权可以在行情转空时，有效建立空头部位。

在经过一段时间观察后，你可以用当时标的期货总值的10%为权利金（所谓权利金，是指购买或售出期权合约的价格）。对于期权买方来说，他必须支付一笔权利金给期权卖方以作为换取买方一定的权利的对价；对于期权卖方来说，他则因卖出期权收取一笔权利金作为报酬。

然后，投资者可以把权利金划分成两部分。用其中的一部分在价格跌破前波低点，多头仓全部离场时，进场买进卖权；用另一部分在价格作第一次反弹时进场买卖，方法同前述。

按照这些步骤操作完毕后，投资者在选择权快到期或是下跌幅度减小时就可以准备平仓，因为这时的卖权常是深入价内，大多没有交易量，使其选择权市场平仓，因此必须要求履约，成为期货部位平仓。

因为从要求履约到取得部位不是同步的，会有时间差，所以投资者在这之前需在期货市场先行买进锁住利润，在要求履约待取得期货空头部位后，即可对冲平仓，最终结束操作。

反向操作的方法相对有些复杂，如果之前没有进行专业的学习，可能无法灵活掌握它。但是如果操作得当，在履约价的选择良好的情况下，它的获利是不可小视的，有时甚至能达到数十倍以上。

期货投资的套利策略

期货价格高于现货价格时，投资者可以从现货市场买进商品。交割月临近时，注册成标准化的仓单后，在期货市场交割获利。但是，期现套利过程中也有一些需要注意的问题。

1. 交割商品的质量严格执行规定的标准

由于期货市场涉及买卖双方的利益，买卖双方是互不见面的，交割仓库要对交割质量负责，因此，对质量标准的要求极为严格。目前，期货交割检验实行国家公检制度，有关检验机构也会严格执行规定的标准，确保交割顺利进行。

2. 在期货市场降价交割的货物必须符合国家有关标准

和现货市场不同，期货市场交割的商品必须符合交割品的有关规定，不符合标准的不能交割。一些初入市的投资者，由于对期货规则不熟悉，用现货商务处理方法思考问题，往往货物到了交割仓库，才发现货物不能降价交割，这时就陷入被动了。

3. 交割成本核算低于期现货价格差

除货物购入价外，期货交割由于实行定点交割仓库制度，还需花费一定的交割成本，其中包括期货交易费、短途运费、卸车费、配合公检费、交割费、资金利息、税收和一些人员的差旅费等。

4. 交割收益水平

交割过程中常会存在一些风险，例如，货物购进时出现商务纠纷问题，包括购进货物数量和质量纠纷，运输过程中产生的纠纷等。如果货物到达指定交割仓库后，发现质量不合格，发生的交割费用就无法弥补。因此，交割必须有一定的收益水平，超过一定的收益水平交割才是合理的。

金融期货的投资要点

金融期货是期货的一种，它是以各种金融商品如外汇、债券、股价指数等作为标的物的期货；换言之，金融期货是以金融商品合约为交易对象的期货。所谓金融合约是指由交易双方订立的，约定在未来日期以成交时所约定的价格交割的一定数量的某种金融商品的标准化契约。由于金融商品都是同质（都是一定量货币的表现形式）商品，金融期货一经产生，就获得迅速发展，并且成为最主要的期货品种。

1. 利率期货

利率期货是指以利率为标的物的期货合约，利率期货主要包括以长期国债为标的物的长期利率期货和以两个月短期存款利率为标的物的短期利率期货。因为货币政策、资金状况可以影响利率走势，因此这也是一种没有明确高、低点的工具，所以必须以价差交易来克服。

2. 货币期货

货币期货是指以汇率为标的物的期货合约。货币期货是适应各国从事对外贸易和金融业务的需求而产生的。目前，国际上货币期货合约交易所涉及的货

币主要有英镑、美元、欧元、日元、瑞士法郎、加拿大元、澳大利亚元等。

从外币的长期走势来看，外币出现底部区的次数很少，这表示进场的风险投资者很难控制。以外币而言，日元的高点就是美元的低点，美元的高点就是日元的低点，因此外币没有真正的高点和低点，所以外币期货是不可以单做一个方向的，那会使风险很难控制。由此看来，为了控制风险，投资者必须创造出低点的投资工具，以便人们可以进行价差交易。

3. 股票指数期货

股票指数期货是指以股票指数为标的物的期货合约。股票指数期货是目前金融期货市场中最热门和发展最快的期货交易。股票指数期货不涉及股票本身的交割，其价格根据股票指数计算，合约以现金清算形式进行交割。

在所有的期货中，股票指数期货的操作是最困难的，因为股票指数是几十种，甚至几百种股票的综合表现。理论上股价指数应该随着上市公司企业的成长、价值的增加而上升，只要这些公司能够用心经营，公司的股价就会持续上扬，因此投资人只要用心选股，挑选优良的企业，在其股价被市场过分低估时买进，并且长期持有，这种做法可以获得很大的利润。但是，投资者应该看到由于市场的因素，股市在一段时间内加速上扬，造成股价偏高的现象，直到市场资金无法再支撑股价，股价就会下跌，直到下次的看多心理再会聚为止。

因此每隔一段时间市场便有一次多空循环，只是不同市场有不同的形态。因此投资者可以在指数由多转空时，运用指数期货做空，锁住股票的利润。这是由于只要是业绩良好的公司，即使在大盘走空时，也有可能上扬或抗跌，并且在大盘走空的过程中，不用杀出持股也可以用股票抗跌、期货走空来获利。若是空头势够长，投资者还可以适时地加码卖出期货，获利可以来自于期货的加码、股票的上扬、股利的分配。若是股票出现好买点，还可以用期货赚的钱来买，又可以降低成本，如此不管股市多空，我们都能立于不败之地。

如何选择经纪公司

在进行期货投资时，会遇上选择经纪公司的问题，有很多投资者也头痛于如何选择期货经纪人或经纪公司，是选择贴现经纪公司还是选择专职经纪公司，经纪公司又会为他们起到哪些作用？事实上，因为投资人和经纪公司千差万别，所以很难找到一种完美的答案。像其他行业一样，经纪人和经纪公司存在着质量差异。毫无疑问，你的目标是要选择一家声誉良好的期货经纪公司。

你个人的经纪人应该诚实，把客户的利益放在第一位。毫不夸张地说，一些交易人的成败完全控制在他们的经纪人手里。对于正在寻找新的经纪人或者经纪公司的投资者来说，以下是一些建议：

(1) 你可以通过登录国家期货协会（www.nfa.futures.org）来选择一家经纪公司或者经纪人。期货协会的网站上有一栏叫做“基本信息”。进入这一栏目，你可以查寻到经纪公司或者经纪人，看一下他们是否有过被期货协会查处的违规记录。另外，商品期货交易协会还有一个信息网站帮助你评判期货经纪人或者经纪公司。

(2) 对于那些初入市的期货投资人来说，跟着过于莽撞的经纪人做单可能是一个令人胆战心惊的过程。尤其是许多新入市者对一些专业术语还比较陌生，常常被一些交易术语弄得不知所措。

(3) 个人投资者，永远记住这一点：你要始终控制好自己的交易账户，操单做市主意自拿——即使你经验平平也一样。如果你的经纪人给你提供投资建议，你当然可以根据他们的意见去做单。但是，资金是你自己的，交易计划最终由你来定。如果你的经纪人盛气凌人，主观又武断，让你感到局促不安，趁早另换一位经纪人好了。不过有一点需要澄清：商品交易顾问（CTA）有权对客户注入的资金进行自由交易权利，因为客户希望 CTA 为他们出谋划策。但是中介经纪人并没有为客户自由交易的权利。

(4) 许多职业交易人撰写的书中建议个人投资者要踏踏实实做好基础工作，诸如市场研究、入市计划等，然后据此交易；他们强调个人投资者的决策和行动不要受任何人干扰，包括他们的经纪人。

(5) 许多经纪公司自己进行市场研究，向其客户提供他们的信息，包括投资时机。这类型的研究报告很可能是上乘之作。事实上，许多投资人非常欢迎经纪公司能够提供这样的服务。

(6) 选择贴现经纪公司还是专职经纪公司，这要看个人投资者的需求。假如个人投资者想得到更多的客户服务，包括公司自己的研究报告和投资建议，那么专职经纪公司也许是最好的选择。专职经纪公司在佣金费用的收取上略高一些。

(7) 对于那些依靠个人研究，并且能够获得外围信息，如独立分析服务机构的信息，贴现经纪公司是最好的选择。贴现经纪公司在佣金收取方面较专职经纪公司确实优惠一些。

(8) 对于一个信誉良好的期货公司来说，无论是专职期货公司，还是贴现经纪公司，在场内下单质量方面没有什么区别。

一些经纪公司有时要遭受某些个人投资者和媒体的攻击，常常因此而背上

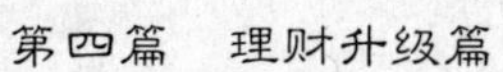

“黑锅”。有时，投资者在受到挫折之后，不愿意谴责自己，而是怨天尤人，经纪公司理所当然就成了替罪羊。诚然，期货市场同其他行业一样，内部良莠不齐，也确实有一些害群之马，但是多数期货公司的经纪人还是诚实可信、踏实肯干的，他们在交易时总能尽力为客户的利益着想。所以，一旦你选择了他，就要有充分的理由相信他。

第二十章　黄金投资

——传承财富与文化的理财项目

黄金投资的品种

黄金藏品虽然样式繁多，但是归根结底只有四大类即金块、金条，金币、金饰品和纸黄金。其中，纸黄金实际上是由银行办理的一种账面上的虚拟黄金。接下来，就让我们按照顺序介绍一下黄金投资中的各个成员。

1. 金条、金块

金条、金块是最传统的黄金投资品种。一般，它们具有附加支出不高的优点，所以投资者基本上可以以接近原料金的价格买进条块金。而通过先进的工艺制造出来的金条、金块图案精致，适合收藏和馈赠，且变现性好、购买方便，是投资实物黄金的较好选择。

有时候，市场上还会出现一些极具纪念性的金条、金块。虽然它们相对来说价格比较昂贵，但由于其不同于一般金条、金块（大都限量发行，又具有纪念意义），因而将来有较大的升值空间，所以也值得投资。

适合的投资者：有闲散资金并想做长期投资者，且不在乎黄金价格短期波动。

2. 金币

金币投资其主要价值在于满足集币爱好者的收藏，其投资功能并不大。它主要分为两种，纯金币和纪念性金币。

纯金币一般也称为投资性金币，同其他金制品一样，它是很好的投资保值方式。纯金币的价值基本与黄金含量一致，但纯金币的价格与等量金块价格相比，总是略高一些。

纪念性金币主要是具有纪念价值的金货币，由于其选料严格、设计水准和制造工艺难度较高，且发行量较小，从而具有较高的收藏和投资价值。

适合的投资者：偏爱钱币状黄金，并对金银纪念币行情以及金银纪念币知识有较多了解的投资者。

3. 金饰品

进行金饰品投资的大多是爱好珠宝、追赶潮流的年轻人。他们一般不看重黄金的保值和增值功能，更在意黄金的图案、美观等。而且金饰品抗风险的能力相对来说较差，并不是很好的投资行为。因为黄金首饰在买入和卖出时的价差较大，而且许多黄金首饰的价格与价值存在着很大差异。

适合的投资者：爱好珠宝首饰的女性投资者。

4. 纸黄金

纸黄金是现代才产生的一种黄金投资模式。它主要是一种由银行提供的服务，投资者无须通过实物的买卖及交收来投资，而采用记账方式来投资黄金。因此它也称“记账黄金”，它的主要特点是不能提取实物黄金，也不用缴纳税金，交易成本较低。

适合的投资者：没有精力关注投资的理财者。

黄金投资的最佳时机

时机就是对时间的把握和规划，抓对了就是赢利，抓错了恐怕就是亏损。而当你眼前摆着机遇的时候，你可曾把握了？正是“机不可失，时不再来”啊！何时才是黄金投资的最佳时机呢？

1. 看准经济低迷时

这就是说，要选择在经济低迷时投资黄金。因为黄金价格的波动往往与经济景气度、股市走势、黄金的供给等呈反向运动。所以，当市场出现经济低迷的情况时，也就是你投资黄金的最佳时机。先以美国为例，在1929年股市崩盘前和1968年两次股市高峰期过后，都曾出现过股价大跌而金价上涨的现象。再看世界的整体情况，自2001年以来，全球性的通货紧缩，全球各主要股市逐步走低，使得黄金投资辉煌再现。这些都说明，投资黄金应选在经济低迷时。

2. 货币利率下降时

之所以这么说，是因为货币利率变动同黄金价格的变动反相关。因为当货币利率相当高时，储存黄金的机会成本就会很高，此时，与其购买黄金不如购买能生利息的资产。相反，当货币利率下降时，投资者就可以选择黄金投资了。

3. 等到手头宽裕时

不要想通过黄金的储藏来一夜致富，或者押上全部的资产。因为你要想投资黄金，就得有一定的经济基础。你的生活还需要稳定的现金收入来源支撑。否则就打乱了顺序，在急需用钱的时候，反倒要“高买低卖”，亏了当初的价值。所以，在你手头比较宽裕的时候，再考虑黄金吧。

4. 处于需要保值时

投资黄金，是因为它是比储蓄更为保值的投资品种，它可以避免已有收入被通货膨胀“暗耗”，还能有效抵御风险。不过，黄金因其风险低，回报率也较低，所以，你只可在处于通货膨胀等外界市场环境波动不稳的情况下，来大量投资黄金。平时少量持有即可。

投资黄金的注意事项

伴随着黄金市场的再次走俏，“金市”里又多了一批满怀致富热情的新手。而新手投资黄金，该注意哪些事项呢？

1. 制定详细计划

“凡事预则立，不预则废”，这是千百年来被验证的真理，而在黄金投资中，你理应在开始投资前，作出一份切实可行的投资计划。在这份计划书中，应当包括你个人的财产情况、家庭情况、投资目标（期望能获得多大回报），选择什么投资产品，按照什么步骤来执行，如何不断检查、完善你的计划，等等。你要充分结合自己的理财特点和风格来拟订这份计划，以使它更加贴切你的情况。

2. 选择好的金商

在制订出好的投资计划之后，就该是好的金商上场了。在市面上，有琳琅满目的黄金投资产品，它们都是由不同的珠宝机构或者银行提供的服务项目。种类繁多令人目不暇接。那么你该如何选择？

你可注意以下“三比”：

(1) 比实力。实力大小是评估金商的一个重要标准。实力雄厚、知名度高的商业银行和黄金珠宝公司的产品和服务都很受大众青睐，而由于其有足够的资金做后盾，也比较值得信赖。

(2) 比信誉。信誉好不好，在商场上几乎决定了一个生意人的成败。诚信是每个经营者都应当提倡的。而这也是一条普通的商业规则。如果金商的信誉度不高，还是淘汰掉比较好，以免有后患。

（3）比服务。在很多情况下，投资者不会太在意金商的服务。往往只要质量好，金商的态度或者售后服务不好也可以迁就一下。可是，在购买后真出现了问题，你能得到应有的对待吗？所以，你最好心里有个底，留意一下金商的服务机构、所做的售后承诺以及服务的执行情况。

3. 学习相关知识

“磨刀不误砍柴工”，投资者不妨在正式开始黄金投资之前，努力学习一下黄金投资方面的知识。仔细阅读一些专业文章，会让你在投资的时候更加得心应手。学习这些知识的途径不外乎以下四种：从书本和有关文章中学习；从网站搜索各种资源学习；向先入行的投资者学习；在实践中学习。

4. 做好心理准备

一个投资者如果没有做好心理准备，不可能投资成功。因此炒金人也要在事先有所准备。黄金市场上也有一定风险，投资者一定要正确面对。为了能让你的心里更有底气，你可以常常浏览国内和国外的时政消息，也可以多了解一些影响金价的政治因素、经济因素、市场因素等，进而相对准确地分析金价走势，从而做到在面对风险时能镇定自若。

5. 选购黄金藏品

黄金藏品大都珍贵而精致，所以不仅具有其本身价值，还兼具文化、纪念和收藏价值。倘若你能在众多黄金制品中挑到成色好、样式新颖，并且极具纪念和收藏价值的金品，你就能投资成功。所以选购好的黄金藏品，也是投资的重中之重。

投资实物黄金适合什么人群

投资实物黄金适合于什么样的人群呢？如果日常工作忙碌，没有足够时间经常关注世界黄金的价格波动，不愿意也无精力追求短期价差的利润，而且又有充足的闲置资金，最好投资实物黄金。购买黄金金条后，将黄金存入银行保险箱中，做长期投资。

对一般投资者而言，最好的黄金投资品种就是直接购买投资性金条。金条加工费低廉，各种附加支出也不高，标准化金条在全世界范围内都可以方便地买卖，并且世界大多数国家和地区都对黄金交易不征交易税。而且黄金是全球24小时连续报价，在世界各地都可以及时得到黄金的报价。

虽然投资性金条是投资黄金最合适的品种，但并不是指市场中常见的纪念性金条、贺岁金条等，这类金条都属于“饰品金条”，它们的售价远高于国际黄金市场价格，而且回售麻烦，兑现时要打较大折扣。所以投资金条之前要先学会识别“投资性金条”和“饰品性金条”。

投资性金条一般来讲有两个主要特征：

(1) 金条价格与国际黄金市场价格非常接近（因加工费、汇率、成色等原因不可能完全一致）。

(2) 投资者购买回来的金条可以很方便地再次出售兑现。金融投资性黄金金条一般由黄金坐市商提出买入价与卖出价的交易方式。黄金坐市商在同一时间报出的买入价和卖出价越接近，则黄金投资者所投资的金融性投资金条的交易成本就越低。

需要注意的是，购买的金条或金砖，一定要确认是金融投资性金条，而不是“饰品性工艺金条”，一般的工艺性首饰类金条可以少量地购买用做收藏，但绝不适合作为金融投资品。只有金融投资性金条才是投资实物黄金的最好选择。

雅而有价，币中藏书华——金币投资

随着金银纪念币市场的稳步发展，个人投资金币越来越热，让许多门外汉都看得眼红了。可是俗话说得好：“隔行如隔山。”如果你对金币投资没什么了解，投资起来会遇到很多困难。所以，在选择金币投资或收藏时，投资者仍有需要注意的地方，主要有以下几个方面：

1. 看“面相”

首先，金币的面相同人的面相一样重要。别对金币说“金不可貌相”，那就错了，金就得有“貌相”。如果金币上有水渍、污斑、锈迹、霉点等，就说明品相不高。在买入和卖出时，这类金银币的价格必然会低于正常的价格。

其次，从金币的表面观察，你要看金币是否是由国家或央行发行的，如有，且是有面额的，则有保证，否则可能只是金章。而金章比金币价值低多了。

再次，看图案样式是否受欢迎，通常动物与女性图案的更让人喜爱，也更值得收藏。

最后，看铸造设计是否精美细致，工艺是否考究。

2. 看发行

一般来说，在发行的数量上，数量越少越有价值，或者纪念价值越高，升值潜力越大。这样的金币可以多买点。另外，在买卖金币时不要遗漏发行时的配套物品。金币是限量发行的国家法定货币，所以每一枚金币都附有时任中国人民银行行长签发的“鉴定证书”。此外，还有专用的装帧盒。如果缺少这些配套的东西，不管是买入还是卖出，价格必然低于常规的行价。

3. 看市场

经验丰富的内行人士对某种金币投资的潮流比较敏感，这如同服装的流行款式一样，适当要注意一下市场上的最新品种。还有就是投资金币需要顺势而为。它与股票等资本市场一样也会有“波段”，因此，在参与实际的市场运作时，顺势而为非常重要。

知识链接

集藏金银币有何窍门

集藏金银币不可贪多求全。那样只会增加自己的经济负担，而且完全没有必要。选择好方向，收集一两套精品币，比广为撒网更好。

(1) 题材化。为了吸引不同爱好的收藏者，每年发行的金银币题材十分丰富，不少题材还分为系列在各年陆续发行。比如“生肖系列”，每年都会发行。另外，还有像“古典名著系列”、“出土文物系列”、“奥运会系列”等。收藏者不妨根据自己的爱好，选择某些题材重点收藏。倘若以投资为主，则建议根据自己的爱好，结合某类题材币的市场表现进行跟踪，这样比打“游击战”更有针对性。

(2) 规格化。金银币一般都有多种规格，比如1/2盎司、1盎司、5盎司、1公斤等，而且通常重量越大，发行量就越少。收藏者可以考虑选择某一规格的金银币作为收藏重点，结合其发行量挑选一些有升值潜力的钱币来收藏。比如专门收藏所有题材发行过的1公斤金币等。

(3) 形状化。近年来发行的金银币在形状设计上也推陈出新，包括圆形、长方形、梅花形、扇形等。对于币形设计感兴趣的收藏者，不妨考虑重点收集某一形状的金银币。

华而不俗，只为金饰醉——金饰品投资

黄金被誉为世界货币，同时，它又是一种高贵、美丽、耐久的金属，然而它最吸引人的地方，还在于其保值、增值的功效。当货币贬值时，它不仅不跌，反而身价升高；当发生危机、战乱、动荡不安时，它成为人们最抢手的货物。所以，千百年来黄金一直是流行最广、最有效的投资工具。

因此，现代人流行起投资黄金饰品。尤其是年轻女性，更是对此爱不释手。不过，投资金饰品并不如其他黄金投资更有收益，相反它买入、卖出的差价可能还会让你亏本。但若能挑到纯度较高的饰品，也可以实现保值甚至增值的功效。

而在投资者踏入市场前，最好能掌握一些金饰投资方法，比如以下几个方面：

1. 学习有关的金饰品的知识

多看有关图书并积极收集各种有关金饰投资的信息和案例，参看一下别人都是如何成功的或者有什么可以吸取的经验教训，也好为自己投资打下知识基础。

2. 认识一些专业人士

自己创造机会，主动认识一些黄金投资方面的专业人士，如相关的鉴赏家、收藏家、消费者等。并想办法让他们成为自己的好朋友，以吸收更专业的建议，从而培养自己对金饰品投资的兴趣，做一个更专业的金饰品投资者。

3. 量力而为

凡是购买金饰品，无论是为了美观还是为了收藏，你都应当为自己划定一个投资的界限，自己只在这个界限内投资，必须严格执行。因为只有量力而为，才能避免让投资金饰品影响你的正常生活。

4. 买精不买多

这是收藏的经典原则之一。要买就买质量高的精品，而不要买太多没有价值的饰品。只要经济实力允许，就应当下定决心，只买精品。高档的黄金饰品不但美观，而且也能在实现它的使用价值后，实现它的收藏价值。

只有通过上述的学习与磨炼，你才能真正成为一名成功的金饰品投资人。而在做好黄金投资的过程中，你将会从中体会到更多的乐趣。

第二十一章　信托
——时尚高雅的投资

投资信托应考虑什么问题

面对出现的信托这种新型投资方式和众多的信托品种，投资者应该根据自己的情况选择合适的投资品种。目前，市场上的信托产品，绝大部分是资金信托产品。投资者在选择这类产品时，主要应考虑以下几个方面的因素：

1. 信托公司的实力和信誉度

信托收益来自信托公司按照实际经营成果向投资者的分配，信托理财的风险体现在预期收益与实际收益的差异。投资者既可能获取丰厚收益，但也可能损失本金。产生信托投资风险的主要原因有：

（1）信托公司已经尽责，但项目非预期变化或其他不确定性因素的发生。

（2）信托公司在信托财产管理和处置中操作失误，或违法违规操作。

2. 信托资金的投资方向

这将直接影响到收益人信托的收益。对资金信托产品（计划）的选择，应选择现金流量、管理成本相对稳定的项目资产进行投资或借贷，诸如商业楼宇、重大建设工程、连锁商店、宾馆、游乐场或旅游项目以及具有一定规模的住宅小区等一些不易贬值的项目资产，而不应选择投资股市或证券的信托产品，因为我国已将证券投资信托归入《基金法》范畴，投资者如需委托人投资证券的，可以投资共同基金，在同等风险条件下，共同基金公司比信托投资公司更为专业；也不应选择投资受托人的关系人的公司股权或其项目资产，这是信托法律所禁止的。

投资者对于信托公司推出的具有明确资金投向的信托投资品种，可以进行具体分析。但是也有一些信托公司发行了一些泛指类信托品种，没有明确告知具体的项目名称、最终资金使用人、资金运用方式等必要信息，只是笼统介绍资金大概的投向领域、范围。因此，不能确定这些产品的风险在何处及其大小，也看不到具体的风险控制手段，投资者获得的信息残缺不全，无法进行独立判断。对这类产品，投资者需要谨慎对待。

3. 个人的风险承受能力

信托与其他金融理财产品一样都具有风险。但风险总是和收益成正比的。由于当前资金信托产品的风险介于银行存款和股票投资之间，且收益比较可观。但投资者也应该看到，信托公司在办理资金信托时，不得承诺资金不受损失，也不得承诺信托资金的最低收益。同时，由于信托公司可以采取出租、出售、投资、贷款等形式进行产业、证券投资或创业投资，不同的投资方式和投资用途的差异性很大，其风险也无法一概而论。所以，投资者在面对多种多样的资金信托产品时，应保持清醒的头脑，根据个人风险承受能力，分析具体产品的特点，有选择地进行投资。

4. 信托产品的期限

资金信托产品期限至少在一年以上。一般而言，期限越长，不确定因素越多，如政策的改变，市场因素的变化，都会对信托投资项目的收益产生影响。另外，与市场上其他投资品种相比，资金信托产品的流动性比较差，这也是投资者必须考虑的。因此，在选择信托计划时，应该结合该产品的投资领域和投资期限，并尽量选择投资期短或流动性好的信托产品。

子女教育信托的作用在哪里

现在社会结构变化很大，老夫少妻、离婚等家庭不少，一旦父亲去世，留下较年轻的妈妈，或者是不幸离婚，由谁负起照顾下一代的责任？谁来确保子女应有的教养及权益？

唐先生和余女士是一对典型的老夫少妻。结婚的时候，唐先生 52 岁，余小姐 24 岁，婚后一年，两个人有了爱情的结晶。虽然唐先生身体还很健康，但是唐先生仍然担心，自己一旦不在了，剩下年轻的妻子一个人如何抚养孩子，谁来确保孩子的教育和权益。唐先生想到了信托，但是哪一种信托比较合适呢？其实，唐先生的困惑可以通过子女教育信托来解决。

子女教育信托是父母（委托人）以子女（受益人）的教育为目的，与受托人签订信托契约，由受托人代为投资运用，约定将来在某特定时间将信托财产定期或不定期转移给子女的一种信托方式。子女教育信托有很多的作用。

1. 维持子女的正常学业

现在，教育费用一年比一年高，为了维持孩子的正常学业，我们可以设置子女教育信托，在我们家庭情况比较好的时候，把这部分资金脱离出来纳入信托，由受托人来给我们专门打理。等到孩子上学的时候，就由受托人按照每月支付或每年支付的方式，把所得的利益返还给孩子，保证他们的教育费用。

2. 谨防败家

子女教育信托还可以谨防孩子败家。截止到 2007 年，中国的海外留学生总数达几十万人，并且大多数留学生都是自费出国，留学生每年的花费至少几百亿元。这些海外留学生是一个特殊群体，他们所占比例不大，但表现却尤为“突出”，是海外的“阔少”一族。父母给的高昂教育费、生活费马上就被孩子换成宝马、名牌服饰了，特别是还没有行为判断能力的孩子，非常容易受环境影响。对于在美国留学的海外小留学生而言，父母完全可以通过设立子女信托帮助其管理财产。

怎样通过信托回避合伙风险

2007 年年底，小李辞去了自己的工作，与几个熟人开了一家合伙公司。为了防范风险，小李决定设立一个信托，防范合伙公司无限连带责任的风险。但小李要设立哪种信托比较合适呢？

依据我国法律的规定，在小李开设的这种合伙企业中，各个合伙人对公司的债务都承担无限连带责任。即如果公司对外欠了债务，合伙人的超过基本生活水平以外的所有财产都会被用来抵债。合伙人为了防范这种风险，可以借助一种信托工具，即自由裁量信托。

当信托财产被设置成自由裁量信托后，受益人在受托人作实际配发前，对信托财产可说是毫无任何固有权利，对信托财产无从做任何主张。因此，受益人尽管积欠庞大债务，其本身却有巨额财富信托基金的受益人，但若此基金属于自由裁量信托，债权人也没有任何管道可追及该基金的巨额财富。

因此，像小李这种承担着无限连带责任的合伙人为了规避风险，完全可以设立一个自由裁量信托。他们可先与信托公司签订一份信托合同，将一部分财产转移到信托公司的名下，信托公司以自己的名义管理、处置财产。信托合同中约定，如果设置信托的合伙人发生债务危机，那么信托公司将根据他们当时的实际生活情况，支付不超过基本生活水平的生活费。这样，他们可以不用担心公司出问题后的生活问题。如果设置信托的合伙人还清了债务，那么信托财产将作为他们东山再起的资金，归还给他们。

由此可见，自由裁量信托能够很好地隔离风险，保障受益人的权利。当然自由裁量信托作为一种信托品种，它的应用是十分广泛的，不仅仅局限于防范生意风险，还可以进行遗产规划等操作。

如何运用人寿保险信托

郭女士是一位单亲妈妈，有一个10岁儿子华华。由于郭女士要兼顾事业及家庭，异常辛苦。近来经常感到身体不适，经医院诊断后，确诊为癌症晚期。她虽已向保险公司投保数百万元并指定华华为保险金受益人，但华华目前还未成年，若郭女士真的走了，谁能真正照顾好华华未来的生活？

在现实生活中，虽然很多人向人寿保险公司投保，但是当保险事故发生时，保险受益人常常会因为很多原因而不能妥善处理保险金，譬如受益人年纪太小，再如受益人心智有障碍，或对法定监理人或监护人妥善保管保险金能力有质疑等。在这种情况下，保险受益人虽然形式上拥有保险金，但实际上有可能非但享受不到保险金的利益，反而造成挥霍浪费或受益人彼此间的对立，甚至引来歹徒的觊觎。正因如此，生活中的很多人都会产生上例中郭女士一样的疑问：谁来保证自己投保的人寿保险受益人能真正享受到保险金的利益？

其实，如果将人寿保险与信托相结合，不仅能使保险受益人享受到应有的权益，还能获得人寿保险信托带来的其他好处。在人寿保险信托中，被保险人作为委托人指定信托公司为保险金的受领人，在保险事故发生时，由信托公司受领保险金，将之交付给委托人指定的受益人；或由信托公司受领保险金后，暂不将保险金交付受益人，而由其为受益人予以管理和运用。

设立人寿保险信托不仅可以使受益人免受财务管理之累，还可以使受益人获得更多利益。保险金一旦成立信托后，原则上无论是投保人、受益人的债权人还是任何人，都不能再对信托财产强制执行，这也被称之为信托财产的独立性。也就是说，不论受益人是不是未成年人，或者其法定监护人现在或以后是否可能和受益人的利益相冲突，将保险金成立信托后都可确保受益人能依照投保人的意愿享受到保险金的利益。

巧用财产信托，让财富更好地传承

2003年12月7日，台北和信医院，被称为最具“内地情结”的台湾英业达集团副董事长温世仁先生因脑中风不治身亡。人们在伤痛哀悼的同时，也纷纷猜测：由温世仁发起，遍及中国西部9省2区1市，耗资4亿元人民币的“千乡万才”计划还能继续下去吗？最后的事实是，温世仁遗留下来数十亿元的股票被课征巨额遗产税，不仅无法照料遗族，连他想帮助大陆人民的援助计划也戛然而止。如果温世仁在天有灵，也会感到遗憾吧。

温世仁这个事件给了国内许多企业家很大的启示：自己的财产只有趁早的规划，才能让财产更好地传承下去。但财产该如何规划才能达到分配、传承的目的呢？

我们可以借助于财产信托。在财产信托中，委托人将现存财产或财产性权利，如房产、股权、信贷资产、路桥、工业森林、加油站收益等委托给信托投资公司，信托投资公司按照约定的条件和目的，进行管理、运用和处分。

按照信托财产的标的物，财产信托可分为动产信托、不动产信托、知识产权信托和其他财产权信托。财产信托是法律规定的信托投资公司经营范围内的一大类，并在信托公司实务中有所开展。

财产信托不仅可以让你的财富得到更好的传承，让你不再担心辛苦积攒的财富被下一代挥霍殆尽，而且可以帮你实现自己的愿望。有人为了照顾下一代，有人为了照顾员工，有人为了交易安全，这些愿望透过信托都可以帮委托人完成。

第五篇

☞ 钱财规划篇

第二十二章 日益突出的养老问题之源

日益高昂的医疗支出

基于老年人的体质特点，他们本身就是一个易发病的群体，患病率要明显高于其他年龄组的人群，尤其是老年人的呼吸系统、循环系统，以及肌肉、骨骼、结缔组织特别容易发病。可以说，人一旦步入老年期，他便时刻受到疾病的威胁，而老年人对疾病的抵抗和反应能力较弱，很容易生病。而一旦发病，他们的病情很容易恶化。

老年人患病的现象极为常见，一人患多病的情况也不少见。如一位老年人可能同时患有高血压、冠心病、糖尿病等多种疾病。这些都说明了老年人更需要医疗照顾，但是，现在的住院治疗费用高，而老年人一般都需要长期医疗护理，这笔费用是他们根本负担不起的。

尤其是在农村生活的老人，就更加难以承担相关的费用。据调查结果显示，现在虽然有医疗保险，但是，仍有60%的老年人要自己承担医疗费用，很少有老人的医疗费用是完全由社会医疗保险来承担，甚至有很多老人都没有买过医疗保险。所以，一旦老人生病，就会给家里增加不小的负担。在中国的农民中流传着这样一句话："小病拖，大病扛，重病等着见阎王。"可以说反映了一定的真实情况。

现在，我们正在进入老龄化社会，老年人的医疗保障已经成为不可忽视的问题。上海复旦大学人口统计学家王桂新（音）教授说："中国面临的主要问题是，在变富之前先变老。发达国家有足够的财力来支撑老年人的支出，而我们却没有。"

相对来说，在大城市里的老人可以得到基本的养老金和医疗保障，而生活在农村的老人就不行了。贫困地区的年轻人本来就很少留在家里照顾老人，又没有医疗保险，老人的医疗照顾就更没有保障了。

实际上，要改善这种状况，需要从社会和个人努力两方面考虑。

(1) 社会上的人们应当给予老人更多的关注，政府应当给老人更多的照顾，尤其是贫困地区的老人，要逐渐完善社会保障制度。

(2) 多开设一些小额的医疗保险，让农民也能享受到保险的呵护。

(3) 要提高人们的道德水准，宣传我国的优良传统——孝道。

(4) 要普及农村的医疗，让医生能够进入贫苦和偏远的山区，解决人们日常生活的看病问题。

直面不断上升的生活成本

现在退休的老年人多数为 50 多岁，上有老人、下有儿女，生活负担仍然很重。尤其是在面对现在的通货膨胀、物价上升时，他们的生活便开始捉襟见肘了。

北京市海淀区的李大爷说，他今年退休，可是家里上有老母，下有儿子，而儿子在北京念大学，一年至少要花上 1 万元，可是他和老伴的收入加一起每个月不过 2000 元，一个月下来，能省点钱都不容易，日子过得紧巴巴的。如果这样下去，他真的不知道还能支撑多久，万一家里有一个人生病了，这日子可怎么过？他一直想再找份工作，缓解一下家里的经济压力。

据统计，北京像李大爷这样的人还有很多，他们多是下岗或已经退休，可是忙活了一辈子，老了还不能安享晚年，整日为了生计发愁。面对不断上升的生活成本，他们手足无措，日子只能越过越艰难。

据国家统计局统计，中国 2007 年的通货膨胀在 4%~5%，物价上涨幅度较大，尤其是粮食、肉类等，到 2008 年上半年，奶制品，甚至连方便面的价格都在上涨。生活成本不断上升，生活压力不断增加，对于年轻人来说都是很郁闷的事情，何况是老年人？

于是大多数老年人放弃了安享晚年的想法，再次出来就业。这也是现在中老年人才急需再就业的原因。另外，成年子女不赡养老人，也为老人的晚年生活蒙上了阴影。本来老人为儿女付出了一生，但是老了，儿女却因为自己的经济负担，而不愿意照顾老人。即便老人有些养老收入，但是也只能勉强维持生活，一旦生病，根本不可能支付得起。

河北的张大娘有四个儿子，她含辛茹苦地将他们养大，可是现在老了，却没有人愿意照顾她。她每个月靠一点社会低保，生活过得十分艰难。而物价一上涨，她就更是什么都舍不得吃，也吃不起了。像张大娘这样的老人，在农村为数不少。她们自己生活困难，儿女的经济也并不富裕，所以不能得到很好的赡养，而生活成本的上升，将会使这样的老人生活远要比李大爷那样的老人辛苦。所以，对于老年人来说，在生活成本不断上升的今天，想要安享晚年，已经十分不容易了。

第二十三章　提早规划，解除养老的后顾之忧

养老规划从什么时候开始

失业、离婚、疾病、残疾等原因导致退休作为一个遥远的目标被束之高阁，人们优先考虑的是那些更紧迫的财务计划，像付房贷、换新车。事实上，即使没有灾难性事件发生，很多家庭的预算已经非常紧张，不可能早早为退休做储蓄。

如果说退休前是财富的积累期，那么退休后则是财富的高消费期，而且是抗风险能力逐渐减弱的非常时期。当养老成为被广泛议论的话题后，种种传言和想象，让我们对年老的日子恐惧。事实上，每个人都不希望晚年过得过于拮据。“活得长是人生最大的风险，”有人这样说，“不知道自己能够活多久，退休后再活20年还是30年？需要多少钱才足够养老？”但换个角度再想一下：如果我们现在为退休后的生活悉心规划、积极理财，那么，到退休时，我们既拥有丰富的人生经验，又拥有一笔可观的财富，能够从容地享受生活，从容地做着自己想做的事。那样的话，你还会为退休生活担忧吗？

有人说最难做的理财之一就是养老金规划。一个人从青壮年开始，所做的各种投资保障规划中，有相当一部分是为自己退休以后那几十年的日子在做打算的。“养老”这个词虽然不陌生，但是养老规划对很多人来说却是个陌生的词，很少有人严肃、科学地考虑这个问题。什么时候开始准备养老？实际上是越早准备越好，一般25岁以后就可以慢慢接触，考虑这个问题了。发达国家的公民一般很早就有这种理财养老意识，而且也做得比较好。

无论你的年纪多大，现在开始储蓄永远不算太晚，传统观念认为，大多数人至少要节省年度收入的10%，留给以后的生活。但对于那些退休基金不足的人来说，应该高于这个比例才对。

知识链接

你为自己做好退休规划了吗

一个完整的退休规划，包括工作生涯设计、退休后生活设计及自筹退休金的储蓄投资设计。由退休后生活设计引导出退休后到底需要花费多少钱，由工作生涯设计估算出可领多少退休金（企业年金或团体年金）。退休后需要花费的资金和可受领的资金之间的差距，就是应该自筹的退休资金。

自筹退休金的来源，一是运用过去的积蓄投资；二是运用现在到退休前的剩余工作生涯中的储蓄来累积。退休三项设计的最大影响因素是通货膨胀率、工作薪金收入增长率与投资报酬率，而退休年龄既是期望变数，也是影响以上三项设计的枢纽。

如果你今年还不到30岁，是否曾经想过退休以后要过怎样的生活？应以前瞻性的眼光计划退休后的人生，筑梦余生。

每个人都应该在40岁或最晚在退休前10年时，以编写退休后的生活剧本作为退休规划的第一步。只有尽量具体地把退休后的生活梦想写下来，才能开始退休生活设计，而这也是退休规划的第一个重要步骤。

究竟准备多少钱才够养老

国际上常用的计算方法是通过目前年龄、估计退休年龄、退休后再生活年数、现在每月基本消费、每年物价上涨率、年利率等因素来计算。退休的年纪可以先预估，男性大致在60岁，女性大致在55岁，投资期限就是预估退休的年龄减掉开始的年龄。以抗风险能力来说，年轻时可承担高风险，越接近退休年龄，承担风险的能力也就越低，能做的投资选择也就跟着减少。所以，越早开始，实现理想的财务规划的可能性越大。当然，你也可以和自己的社保养老金账户相结合起来看，这样的话就能更加明确了。

每个人对养老的要求不尽相同，养老账户也就因人而异。但一般来说，养老支出主要就是日常开支和医疗保健支出。和退休前相比，退休后的日常开支会有所下降。这主要体现在以下几个方面：一是子女大多已经长大成人，不需要再负担抚养及教育费用；二是住房按揭基本还完，不用再为自住房进行投入；三是退休后不用每天上下班，可以节省一些交通费。另外，用于服装、应酬等费用也会有所降低。当然，并不是所有的日常生活费用都会下降。比如，退休后，属于自己的时间多了，有些人喜欢出去旅游，有些人爱好养花、养鸟，还有些人可能会为第三代提供一些补贴，如买玩具、衣服等，这必然会增加一些开支，但几项费用相抵，退休后日常支出应该呈现下降的趋势。与此同时，另一项支出却随着年龄的增长呈正比例快速增长：年老后，疾病将不可避免地缠上身，同时当保健养生的观念深入人心，各种保健品和保健器材也深受老年人的青睐，"医疗+保健"，这个负担绝对不是一个小数字。

退休规划应遵循什么原则

退休规划得好决定了你能在退休后过上舒适日子。遗憾的是在漫长的退休之路上，很多人没有遵循退休规划的原则而绕了弯路。

1. 时间充裕原则

养老规划是人生最大的规划之一，你不能指望在短期内一蹴而就，越早开始储备退休金，以后的生活就会越轻松。虽然年轻时的收入不高，每月定期定额投资占收入的比例比较低，但理财收入增长率会随着资产水平的提高而增加。一个人最晚应从 40 岁起，以还有 20 年的工作收入储蓄来准备 60 岁退休后 20 年的生活。否则即使你的每月投资已做最佳运用，剩下的时间已不够让退休基金累积到足够供你晚年享受舒适悠闲的生活。

2. 退休金储蓄的运用不能太保守

扣掉通货膨胀率后，定期存款利率只能提供 2%~3%的实质收益，因此若用定期存款累积退休金，即使从年轻时就开始准备，也需要留下一半以上的工作收入为退休做准备，势必会大幅降低工作期的生活水平。如果采用定期定额投资基金的方式，投资报酬率可达 12%，大体可以满足晚年生活需求。进行退休规划时，也不应该假设退休金报酬率能达到 20%以上的超级报酬率，这会过高估计投资回报率，使自己认为每期的投资额可以很低，从而不易达到退休金的累积目标。

3. 统筹安排原则

在一定时期内，我们的财务需求是多样化的，可能既要买房买车，又要考虑子女教育，同时还要兼顾养老，还要存一笔应急储蓄。很多理财目标相互冲

突，会让我们觉得钱总是不够用。通过理财规划的科学方法，对不同的理财目标统筹安排之后，就可以解决这一矛盾，让我们的家庭财务有条不紊。

4. 将基本生活和生活品质支出两者合二为一

养老险或退休年金的优点是具有保证的性质，可降低退休规划的不确定性；缺点是报酬率偏低，需要有较高的储蓄能力，才能获得退休需求的保额。而股票或基金有较高的收益，但风险性偏高，其解决之道是将退休的需求分为两部分，第一部分是基本生活支出；第二部分是生活品质支出。对投资性格保守、安全感需求高的人来说，以保证给付的养老险或退休年金来满足基本生活支出，另以股票或基金等高报酬、高风险的投资工具来满足生活品质支出，是一种可以兼顾退休生活保障和充分发展退休后兴趣爱好的资产配置方式。

如何增加退休收入

老年人退休之后，一般会有一定的存款或退休金养老。但面对市场经济的变化和各项支出的不断增加，老年人同样也有“以钱生钱”的理财需要。那么，怎样进行投资理财既能增加退休收入，又能避免投资损失呢？

应优先考虑安全投资，防范风险，以稳妥收益为主。目前投资品种虽多，但并不是进行每项投资都有钱赚。一般投资收益大的，其风险也大。老年人一生积攒几个钱实在很不容易，而当前吃、穿、住、行、医、玩等的开支较大，实在是经不住投资上的“亏损”。倘若某一笔大额投资一旦损失，对老人的精神、对家庭的影响都比较大，所以要特别注意投资的安全性，切不可思富心切乱投资。因此，绝大多数的老年家庭目前应坚持以存款、国债的利息收入为主要导向，切忌好高骛远。将大部分的养老钱存入银行或用来购买国债、金融债券，尽管这是一种较保守的投资，其利息收益也不算高，但却是从老年人家庭的实际情况出发的，是以保障其大额投资成功为第一目标的，其投资收益是稳妥且安全无风险的。

退休后的老年人理财，可从以下几方面进行：

1. 选择适当的储蓄品种

老年人最好不要将退休金都存在活期储蓄账户上或是放置在家中，要通过适当的操作实现利息最大化。比如，通过零存整取的方式增加利息收益 1.89%，活期储蓄利率为 0.72%。一般可以和银行约定每月自动将退休金划转到定期账户中，再用这笔钱去购买国债或其他投资品种。

若有大笔资金暂时闲置，但过不久就要用，不妨去存个“通知存款”。该存款取用较方便，且收益高于“定活两便”及半年期以下的定期存款；也可以去定存半年，哪怕是定存三个月，也比活期存款利率要高些。

2. 选择货币市场基金

对个人投资者而言，货币市场基金无疑具有明显的吸引力。目前，货币市场基金主要投资于到期期限在一年以内的国债、金融债、央行票据、AAA 级企业债和上市公司发行的可转换债券等，具有流通性好、投资风险低、收益率高于银行短期存款利率等优点。货币市场基金的预期收益率稍高于银行存款利率，但空间并不大，投资者不能对其收益率期望过高。它的最大亮点是可以取代一年期以内的银行储蓄，收益率更高，同时流通性又强，有“准储蓄”的美誉。

3. 适当进行多元投资

老年朋友在选择投资组合的比例上，可考虑储蓄和国债的比例占 85%以上，其他部分投资选择分布于企业债券、基金、股票、保险、收藏以及实业投资等。

4. 健康投资最重要

对于老年朋友来说，身体健康是最重要的。对于不可预测疾病的发生，一定要做好先期投入。你可以选择性购买特别针对老年人的险种，如意外伤害险和疾病保险。同时，还可以定期购买一些老人健康保健品，用以保养身体；另外，还可选择经常出门短途旅游和参加适当的健身活动。

第二十四章　善用“财商”，安度晚年

买份保险，养老不愁

为了能让更多老人在退休后能安度晚年，我们建议老年人应当趁早买份商业养老保险。正是养儿防老不如买份保险来防老。养老保险有社会养老保险和商业养老保险。大多数情况下，我们指的是社会养老保险。所谓社会养老保险（或养老保险制度）是国家和社会根据一定的法律和法规，为解决劳动者在达到国家规定的解除劳动义务的劳动年龄界限，或因年老丧失劳动能力退出劳动岗位后的基本生活而建立的一种社会保险制度。它是社会保障制度的重要组成部分，是社会保险五大险种中最重要的险种之一。

它的特点是：

（1）养老保险是由国家立法，强制实行的。凡是符合养老条件的人，均可向社会保险部门领取养老金。

（2）养老保险一般由国家、单位和个人三方或单位和个人双方共同负担，减少了个人的经济压力。

（3）养老保险具有社会性，影响很大，几乎每个人都能享受到。

但是，仅仅靠社会养老保险并不能让你的晚年生活得幸福，若是能再在社会保险体系外买一份商业养老保险作为补充，那你的老年生活就会过得安稳无忧。而且，越早制订养老计划，购买养老保险，你的经济负担就越轻，丝毫不会影响日常的生活。买养老保险不要等到60多岁以后再买，因为那个时候，一是你买后，因为买的年限短，可能享受不了太多的优待；二是有的保险公司不愿意为老人保险，因为本身老人就是疾病多发群体，保险公司不想付出太多。据不完全统计，目前我国年龄在65岁以上老年人口将近一亿。而65岁恰恰被大多数险种设立为投保的年龄界限，这群老年人一直都被保险公司排除在客户之外。

虽然，有的保险公司看中了老年市场，并推出了相应的专为老年人设置的保险品种。例如，友邦“永安保综合个人意外伤害保险”，泰康人寿的“康寿保”产品，以及深圳一家财险保险推出“阳光关爱老人骨折医疗保险”，这些都是针对老人设立的。但是，从总体上看，老年人的保险类别还是较少，这些新推出的保险可能还存在一些问题。所以规划养老保险还是趁早为妙。

手持一份保险，你就能为自己购得一个富足而有尊严的生活，你也就不再是子女们的负担。拥有这样的生活恐怕是每个老人都梦寐以求的，所以为了自己的老年生活，就更应当自购一份商业养老保险。

如何安排自己的日常生活

在大城市里生活的退休老人，一旦没有事情做了，就整天漫无目的地待着，或者打麻将、钓鱼等，整日闲散无趣。他们不愿意多想什么，认为反正到了人生末尾了，也该好好放松一下。但这样过分的随心随意，往往会让老人的生活没有一点规律，钱花得也不明不白。本来大多数老人的生活水平就不高，与子女生活水平差距大，有时候，虽然子女给父母赡养费，也不过是维持温饱。

可见，作为一个基本上没有什么生活来源的老年人，更应当处理好自己的日常生活，让自己的生活有钱可花、有事可做。你现在理财，将来就真的能派上用场。

那么，老人该如何安排自己的生活？

1. 不同别人比享受，也不过度节俭，而是适度花销

有的老人觉得晚年就该享受，有时候给自己买些奢侈的物品，同老朋友们炫耀炫耀；而有的老人，总是舍不得花钱，吃东西也吃得没什么营养，体质很差。这两种都是不正确的消费观念。老人应当适度花销，买些营养品，舍得让自己补充更多的营养，这样也是为了以后身体能有更强的抵抗力，少得病。

2. 生活记账，盘算理财

老人可以准备三个账本来记录自己的钱财。一个记录日常花销，即每月的食、衣、住、行、基本花费；一个记录自己的存款，用做备用资金，或者叫“保本”资金；还有一个就是如果老年人对投资感兴趣，还可以建立一个投资账户。当然，前提是你能够承受投资带来的风险。

3. 适度运动，投资健康

对老人来说，健康最重要，因此提倡老年人参加运动。但凡事都要讲求适

度，不要进行过度剧烈的运动，可以选择慢走或者适当的健身活动。

4. 投资自己的业余爱好

老人可以在闲暇之余发展一下文娱特长，以前工作的时候没有时间，现在闲下来不妨多发展几项。比如花些钱，报个班来画画国画、练练乐器、写写书法、下下象棋、学学跳舞等。总之，要让自己的生活有一个快乐的支点，没准还能老有所为，获得更多人的认可。

5. 展开夕阳职业

老人也可以在退休后做一份自己喜欢的工作，比如插花、刺绣，或者老年餐馆、老年服务所等。这样，既能让自己的生活充实起来，又能有一笔收入，还能从中获得快乐，可谓一举多得。

如何做好退休期投资理财规划

这段时间的主要内容应以安度晚年为目的，投资和花费通常都比较保守。理财原则是身体、精神第一，财富第二。保本在这个时期比什么都重要，最好不要进行新的投资，尤其不能再进行风险投资。另外，在65岁之前，要检视自己已经拥有的人寿保险，进行适当的调整。

一般人在退休之后，由于一生工作累积下来，多少会有一些存款或退休金，但面对市场经济的变化、通货膨胀和各项支出的不断增加，老年人家庭若希望生活更宽裕，同样也有“以钱生钱”的投资需要！

老年家庭的投资之道应当优先考虑投资安全，以稳妥收益为主。目前投资工具虽多，但并不是只要投资就有钱赚。从客观来看，风险承受度和年龄成反比。老年家庭一生辛苦赚的钱实在很不容易，如果投资一大笔金额，一旦损失，对老人的精神、对家庭的影响都比较大，所以要特别注意投资的安全性，不可乱投资。

如果你离退休已经不远，可以将大部分资金配置在稳定、可以产生所得的投资，如配息的股票、基金、债券或定存。切忌好高骛远。

灵活运用投资策略。对于储蓄存款，当预测利率要走低时，则在存期上应存“长”些，以锁定你的存款在未来一定时间里的高利率空间；反之，当预测利率要走高时，则在存期上存短些，以尽可能减少届时在提前支取转存时导致的利息损失。除了存款之外，老年家庭也应该灵活运用投资策略。近来，各银行连续下调了存款利率，所以这时只把钱定存是不够的，国债、利率较高的金

融债券应是老年家庭投资的主要工具。

投资股票要适可而止。买卖股票是一种风险投资，但也是获取高收益的一个重要途径。所以，在身体条件较好、经济较宽裕，又有一定的时间和足够的精力，并具有金融投资理财知识和心理承受能力的前提下，老年人不妨拿出一小部分钱来适度进行风险投资。

需注意的是，不可把家庭日常生活开支、借来的钱、医疗费、购房款、子女婚嫁等费用用于风险投资。如果用这些钱去投资，万一套牢，只有忍痛割爱低价卖出，损失巨大。

老年家庭的投资组合比例上，退休时的净值金额亦为考量因素之一。若以退休年龄来决定，55 岁退休，股票投资比例可提高些；65 岁才退休，储蓄和国债的比例应占 85%以上，股票投资比例可为 15%，这样不但是老年人可以接受的安全范围，也能使钱渐渐变多，并有助于老年人身心健康，不至于承担过大压力。

虽然说我们中国人比较忌讳谈论不好的事情，除非年纪老迈，很少人会在身强力壮时立下遗嘱。但是你知道吗？这样会造成不必要的损失，例如，有人突然过世后，他的家人不知道他究竟有多少投资，甚至不知道有多少负债，这给家人今后的生活会留下许多不便。所以，负责家庭投资的人，一定要定时把自己的投资状况告诉家人，万一有什么突发状况，家人不至于无从着手。

最后提醒你，即使你现在还年轻，依然要提早做好退休规划，设定财务目标，到了想要退休的时刻，就不必缩衣节食或担忧未来，而是能够快乐地享受富裕的生活！

老年人理财四原则

老年人理财，既不可能像年轻人那样冒险博弈，也不能抱着毫不在意的态度，以为能挣点就挣点，挣不到也不必太上心。实际上，对于老年人来说，稳健的投资策略比较符合实际，但是太过保守也就谈不上是理财了。因此，理财应当坚持以下四个原则：

1. 安全原则

对于老年人来说，钱财安全是理财的第一要领。先保本，再想着增值，毕竟那些钱都是多年积攒下的是晚年的老本，所以，在理财的原则中，安全第一。

2. 方便原则

理财时要考虑到取用时的方便。老年人容易生病，没准什么时候就需要用钱，所以为了取用方便，应当尽量在离家近的地方有一些活期存款，最好能有一张银行卡，可以供自己随时取用。

3. 增值原则

老年人基本上没有什么其他的收入来源，所以若是能在投资理财的同时，让资产有所增值就是上策。老年朋友可以利用比较安全的定期存款和国债来进行投资，既能保证资金的增加，又能保证稳妥。

4. 适度消费原则

很多老年人因自己年轻的时候生活困苦，受到传统生活习惯的影响，从而十分节俭，除了攒钱，什么都不考虑。这样实际上并不好。老年人应当适度消费，积极改善自己的生活，尤其是投资自己的健康，提高生活质量。旧的观念并不能带给老人快乐幸福的晚年。既然有消费的条件，为什么还要让自己过得太艰苦？

投资理财现在已经成了大众的需求、全民的时尚，在这点上，老年人也不例外。但是介于老年人的身体和经济状况，最好只做一些风险较低的投资。理财专家也建议老年朋友们不要心急，理财应以稳妥的收益为主，风险大的品种最好不要考虑，切不可好高骛远，胡乱投资。

至于投资项目，专家认为，老年人最好偏向考虑存款、国债、货币型基金、银行理财产品等低风险品种，倘若真的对股市投资十分感兴趣，且身体和经济条件都允许，也可做小额的尝试。

第六篇

☞ 经典实践篇

第二十五章　家家有本理财经

——名人家庭理财个案

世界第一男模立威廉：借助"外脑"理财

立威廉理财意识很强。早在十七八岁，立威廉就为自己购买了保险。现在他也学着做一些投资，立威廉认为首先要集自己朋友圈中"众家之见"来理财。工作之余，他总是挤出时间填补自己在理财方面的知识欠缺。他经常会看一些财经报纸和新闻，广交精通财经知识的朋友，甚至亲自跑到银行去咨询专家。他说，"选择适合自己的理财方式不容易，平时要多做功课。"

事实证明立威廉的10%"必修课"没有白上。他的"参谋"在他买房买基金的时候，给予了他莫大的帮助。他的朋友圈中不乏金融界人士，买房的时候，他就让熟悉房地产的朋友先帮他"探路"，遇到合适的自己再去看，满意才买下。进行基金等证券投资的时候，立威廉也请来了银行圈中的朋友分析。虚心向学总能有好的回报，去年在朋友的建议下买的几只基金，如今均有10%~30%的增幅。

童年的生活变故，使立威廉形成良好的风险控制意识。名人买房一般都是一次性付清，立威廉却坚持分期付款。他说，新加坡的房子很贵，而且用来投资的房子，就没有必要一次性付清。这样一来可以减轻赚钱的压力，二来可以存一笔足够的积蓄以应付突如其来的风险。

从一个每天穿梭于学校家里两点一线、性格内向的"钥匙儿童"；到赚钱打工，挨家挨户搞推销；再到被送上T台当模特十几年；而后又在偶然的时机踏进演艺圈，立威廉的人生可谓充满了传奇的色彩，经历过人生的风风雨雨，立威廉终于守得云开见月明。世界模特冠军的光环、鲜花掌声和"粉丝"们的拥戴，还有滚滚而来的财富，并没有使他的生活变得奢靡。相反，在演艺圈这个物欲横流的社会里，立威廉始终秉承自己的理财观念，坚持量入为出、开源节流，理性地消费，谨慎地投资，并为自己的幸福人生做好充分保障。

“你永远都不知道什么时候会发生什么事，除了买房、买车，我是不会透支自己能力之外的经济支出，只有身边有一笔足够的流动资金，才能应付突发事件，生活才有安全感。”

贝克汉姆：会赚也会花

球场收入：年薪 600 万欧元

尽管足球为贝克汉姆带来的财富并不是这个职业球员所拥有的全部，但“球员”无疑是贝克汉姆众多身份中最本质、最坚实的一个，正是从这个身份起步，贝克汉姆走上了一条黄金大道。

贝克汉姆的赚钱生涯始于 18 岁。那时，他从曼联青年队晋级到一队，拿到了 20 万英镑的签约费和 2500 英镑周薪，总年薪大约有 10 万英镑。尽管与现在的收入相比，这些“小钱”不值得一提，但却足以为贝克汉姆提供一个完美的开端。

在曼联度过的漫长岁月中，贝克汉姆凭借帅气的外表、率性而为的天真和鬼斧神工的右脚任意球，逐渐成长为一名国际巨星，当然，拿到的薪水也不断地水涨船高：根据贝克汉姆与曼联俱乐部签署的效力合同，最近几年中，贝克汉姆除了周薪外，还得到曼联支付的 2 万英镑的肖像权使用费。也就是说，单单足球一项，贝克汉姆每年的收入就达到 450 万英镑。

2003 年 6 月，贝克汉姆脱下穿了 10 多年的曼联球衣，离开了老东家，但他在球场上收入增长的步伐却并未放慢。在以 3500 万欧元的天价转会皇家马德里队后，不算各种奖金，贝克汉姆的年薪也将高达 600 万欧元（708 万美元）左右。

其实，除去固定薪水外，小贝的户头每周还会源源不断地流入额外的 4 万英镑，这是各种各样的商业合同为这个世界上最幸运球员带来的财富。

广告收入：商业总价值达 2 亿英镑

在广告界，贝克汉姆的影响力绝对不亚于他在足球王国的影响力。据英国《观察报》分析，目前贝克汉姆的广告商业总价值业已达到 2 亿英镑以上的新高度。

眼下，贝克汉姆脚上踏着阿迪达斯的运动鞋，身上套着玛莎百货的休闲装，鼻梁上架起了警察牌太阳镜，而众人议论中心的百变发型也成了护发品牌

Brylcreem的展示舞台。这些广告商的青睐，给贝克汉姆的口袋增加了1000多万英镑的广告收入。

对广告商而言，明星最值钱的是号召力。对贝克汉姆在球场之外的号召力信心十足也是英国移动电话巨擘沃达丰瞄准贝克汉姆的最大理由，正如该公司企业通讯部主管考德威尔所说："我们为贝克汉姆塑造的是生活化的偶像形象。他不会穿球衣出现在我们的广告中，他总是身穿自己的休闲装出现。"

在分析"贝克汉姆广告现象"时，英国体育媒体专家奥斯波恩指出："并不是所有体育明星都可以和贝克汉姆相提并论，现在，贝克汉姆已经从体育明星的形象中走出来，在更大程度上他被看做是一个大众偶像。无论在哪个国家踢球，都不会影响到他的商业价值。当然，如果那位精于品牌的妻子愿意继续在媒体聚光灯下经营两人的美满婚姻，那么这位'衣服架子'足有10年的时间能继续受到公众的宠爱。"

奥斯波恩更一针见血地指出："人们无须担心贝克汉姆，他一次日本之行的收入，就够一辈子花的了！"

说到底，贝克汉姆能获得"广告天王"的地位，英超的管理阶层功不可没。在很多人担忧频繁拍照和广告旅行会分散球员精力之际，英超表示联赛管理者一般不会干涉球员利用球队知名度赚钱。在他们看来，"作为一个成功联赛中一支成功球队的一员，'商业活动'是不可或缺的组成部分。"

公司收入：一年给自己发229万英镑工资

除了给别人打工外，贝克汉姆还有一个揽钱好方式——自己开公司做老板。贝克汉姆注册的这家公司名为Footwork Productions，它被戏称为"贝克汉姆有限公司"，因为它的主要业务就是提供一切与贝克汉姆有关的服务，而贝克汉姆则是公司唯一的董事和股东。

近日，贝克汉姆公开了Footwork Productions公司的账目，将其从2002年4月至今的营收数字公之于众。该账目显示，在过去12个月里，仅在这个公司名头下，贝克汉姆就分别和阿迪达斯、沃达丰手机和玛莎百货这三个赞助商签下各200万英镑的合同，公司还接受了Rage软件公司、百事公司和Brylcreem护发产品各100万英镑的赞助。另外，公司从有偿转让拍照、采访权和授权品牌使用中收益数十万英镑。

最后计算下来，Footwork Productions公司最近一年的营收由307万英镑涨到了353万英镑，比去年同期上涨了15%。贝克汉姆董事长也顺理成章地给自己开出了229万英镑的年薪，高于前一年他支付给自己的216万英镑的红利和工资总额。

除了这家公司以外，贝克汉姆还有一家名为Yandella的有限公司，这是他与辣妹的“夫妻档”，公司主要负责“贝克汉姆”品牌的营销。自2000年8月31日创立以来，该公司的资产增长势头相当猛。现在，这家公司由辣妹和她的母亲杰姬·亚当斯担任经理。

由于Footwork Productions公司的账目显示贝克汉姆的个人所得税高达150万英镑，而他支付给经纪人的佣金也有60万英镑之多，可以推算出2002年，贝克汉姆的收入至少超过800万英镑，但即便这样恐怕也远远达不到贝克汉姆总收入的真实数字，因为Yandella公司尚未提交其2002年的财报。据推测，现在贝克汉姆夫妇两人的总身价已经接近5000万英镑。

小贝的理财观：花钱就是理财

贝克汉姆尽管堪称稳狠快准，但他绝不守财。对贝克汉姆和维多利亚这对最最称职的物质主义者来说，任何一个享受机会都不可错过，哪怕简单的剪头发也一定要花上300英镑。除了享受之外，贝克汉姆还把消费看做发泄不满的一种方式，比如，冠军联赛上曼联输给皇家马德里后，贝克汉姆就到阿玛尼专卖店买了一大堆衣服，在他看来，“烧钱”的乐趣足以打败心中的任何不快。

不信，那就请看下面的奢侈品清单吧。

豪宅：贝克汉姆夫妇在赫特福德郡购买的“贝克汉宫”足足花了他们250万英镑，另外，他们还拥有一座价值170万英镑的乡下别墅，一栋价值100万英镑的寓所和其他几处房子。

香车：与许多成功男人一样，贝克汉姆也是“爱车一族”。他的豪华车队至少包括7辆高档轿车。值得一提的是，也许是为了保护他那金子般的右腿，贝克汉姆特别注重汽车的安全设备，每一辆车都要求厂商进行特别改造。

华服：贝克汉姆对衣服的痴迷度绝对是受了老婆维多利亚的影响，这位前“辣妹”是一个典型购物狂，曾为一条路易威登的皮带走遍了伦敦所有名店。难怪现在贝克汉姆随随便便就可以花350英镑买一件Maharishi运动裤，或是花400英镑买件Roberto Cavalli衬衫。

礼物：贝克汉姆与维多利亚相互赠送的礼物都非常贵重，最出名的自然是维多利亚的“宝马赠英雄”。贝克汉姆则经常给爱妻买一些她喜欢的名牌产品如GUCCI、克里斯蒂安·朵尔（包括香水和手包等各种物件）等。而当贝克汉姆花4万英镑定做了一只订婚戒指后，他对珠宝也产生了强烈的兴趣。从此，几万英镑的项链、几十万英镑的镶钻名表都成了逗维多利亚开心的“小”礼物。

赵薇：炒房炒成“明星地主”

作为国内一线的影视明星，赵薇身价一涨再涨，除去演艺之外她还有什么生财之道？巨额资产究竟流向何方？我们从赵薇所购置的豪宅上就可以略见端倪。

赵薇的大手笔是在上海西郊豪掷近2000万元购买的一座超级豪宅别墅“湖畔佳苑”。据业界人士透露，购买上海“湖畔佳苑”的富豪群体，不仅有像赵薇这样的大明星，还有上海不少跨国公司的高层以及台湾富豪。购买这样的豪宅，除去房款之外，装修还需花上五六百万元，所以赵薇要想住进这套别墅估计要花掉将近3000万元。这种巨大的投入就是在演艺圈内也算是较少有的，天后王菲在北京的新居“晴翠园”别墅的售价也仅仅在1200万左右。

此外，赵薇这几年还先后在北京顺义的“财富公馆”、“晴翠园”别墅、亮马河大厦等地购买了多处别墅公寓。这样算下来，赵薇至少投资了5000万元用在不动产方面。事业迅猛发展，在上海、北京等地她都毫不含糊买下了多处房产。

名人不动产创收已然不是什么秘密，并且由于香港楼市比内地发展得早，众多港台巨星很早就把炒楼作为时尚游戏，成龙、周星驰、刘德华等都是“炒楼高手”。或是看准豪宅的升值潜力，果断出手买入，然后出租或转手；或是买地买铺坐等升值再抛出。周星驰从1990年买入第一套房产，到2004年开始买地皮，已经累积了价值近5亿元的地产，比拍戏收益更高，令周星驰短短几年间身价暴涨，成为2004年香港艺人首富。成龙大哥更是勇于开拓国际市场，曾以高价售出位于好莱坞比华利山的超级豪宅，净赚3000多万港元，再加上他在香港出售的物业，一年中仅炒楼就进账7000多万港元。

艺人不动产生财的榜样虽然比比皆是，但是赵薇和港台明星炒楼最大的不同，就是敢于逆市而上。因为当前的中国楼市正处调控期，一时间观望气氛浓厚，唯有赵薇依旧频频出手。然而中国近期持续出台多种抑制房地产市场的投机政策和措施，某些地方房产市场出现拐点，我们不禁为“小燕子”深捏一把冷汗。

美女胡可：理财是种智慧，三步课程教我成长

对于胡可，似乎很难界定她的职业，一会儿是主持人，一会儿又是影视演员。与之类似的是，胡可的理财之道也变化多端，开店、收藏、炒股、投资房产无一不涉足。但是，在经过亲身实践后，胡可总结了理财的三步课程——基础课、教育课和升华课。胡可认为：理财是一种智慧，三步课程教我成长。

理财基础课——理性消费

作为明星，一般在消费上的支出会比普通人较大。不少明星有购物狂的毛病，但胡可在消费方面体现出她节制有度的理性。

“千金难买心头好”，女孩子最喜欢的就是逛街、买衣服，胡可也不例外。但胡可并不会盲目地买。虽然是公众人物，但胡可并没有名牌意识，只要是简单、自然而又不失时尚品位的衣服她都喜欢。但如果价格较贵，胡可首先会考虑是否确实需要这件衣服，在什么场合她能穿这件衣服，衣服的质量是否真的很好等。如果只是因为自己一时的喜欢，而穿这件衣服的机会不多，胡可还是会坚定地选择放弃，毕竟价格与性用比不是很对称。

胡可理性的消费观念与她的成长分不开。小时候胡可只知道问父母要钱，不知道钱是哪来的，长大了才慢慢体会父母赚钱的辛苦。记得家里最困难的时候是刚刚从天津搬到北京的那阵子。北京住房紧张，胡可和父母就暂时借住在姨夫家的一间不足十平方米的房间里。家里的拮据让胡可明白父母挣钱的不易。

考上北京广播学院后，在这个出了不少中央名嘴的高等学府里，父母因为面子的问题经常劝胡可不要太节省，吃穿都要提高水平，但胡可觉得自己还是纯消费者，没有能力挣钱，怎么能乱花父母的辛苦钱呢？对于几百上千一件的衣服，胡可从没有动过购买的念头，也不可能经常下馆子吃饭，在那时，这些对胡可来说是非常奢侈的事情。

虽然现在胡可有能力去满足绝大部分的消费欲望，但胡可似乎更看淡这些物质的需求，她把挣来的钱都交给妈妈管理，孝敬年迈的父母。

2001 年胡可开始打算在北京购买房屋，给自己和父母一个舒适的家。买房前，胡可搜遍了全北京城的房源，费了很多时间。胡可认为房屋是一个长期的消费品种，不能像其他商品那样几十分钟就能下决定，因此，胡可从房产的地段、大小、价钱等方面综合考虑，最后挑到“心水房”。到了房屋装修时，胡可还是坚持亲力亲为，家具的购买、房屋的装修都是胡可亲自负责，既实惠又

实用。

理财教育课——投资有得有失

成名后，明星的收入一般都会增加，精明的胡可也进行了一些投资。理财的过程是辛苦的，酸甜苦辣，胡可样样都尝过。

2007 年，看到股市如此红火，胡可也购买了一些股票。初尝投资股票滋味的胡可，很快就明白“炒股玩的是心跳”这句话的含义。股票买了之后就一路飙升，但在“2·27”大跌时，胡可的几只股票也都跌停了，父母都替胡可担心，胡可几乎每天都能接到妈妈的电话，告知忙碌的胡可，目前股市的相关行情。这让胡可感觉炒股实在是件费时费神的事。

不过胡可还算镇定，在跌停时并没有惊慌，还是坚守住没有卖出。但这次教训实在很残酷，等股票涨回来以后，胡可就赶快全部清仓了。胡可也因此逃掉了后来的“4·19”和“5·30”大跌。胡可投资股票没有赚钱也没有亏钱，倒让她认识到——炒股技术含量太高，不太适合自己。胡可甚至建议投资者，如果你真的有足够的闲钱，而这些钱对你的生活不会造成影响，你才可以去投资股票。

胡可在投资房产上却狠赚了一笔，她在 2001 年购买的房子两年后涨了近 6 成。2003 年国家意图宏观调控北京房价，但胡可预感北京楼市有巨大的发展前景，土地供应会越来越少，加上外来人口的增加，北京的房价肯定会有较大的涨幅，为此，胡可又购买了一套房屋。

果然，2004 年北京房价暴涨，这套房屋又给胡可带来 30%的收益。尝到房产投资甜头的胡可认为，买房相对来说是比较稳妥的投资。相较于其他投资渠道，胡可宁愿把钱投资在房产上。

炒股不赔不赚，买房大赚一笔，这激发了胡可投资理财的热情，她又开始涉足实业投资了。但是，胡可在这方面却栽了个大跟头。

2006 年 7 月，胡可在和朋友们聊天时谈起了开餐厅，几人一拍即合。餐厅选址在北京三里屯附近的一栋二层小洋楼，还附带一个小花园，设计独特、装修高档。2007 年 1 月，就在餐厅装修完毕，交付了一年租金，还有一个月就要开业时，其中一位投资人突然撤资，胡可投入的 60 万元也打了水漂。

因为当时不是很了解情况，胡可是第一次开店，很多地方一点经验都没有，别人说撤资就撤资，胡可不知所措，投资的钱当交了学费。这次的经验让胡可深刻体会了“隔行如隔山”这个道理，胡可笑言以后一定会先把所有的细节都了解清楚再做决定。

理财升华课——时尚收藏

收藏是理财的最高境界。收藏也许不是为了理财，更多的是陶冶情操。在胡可眼中，时尚不只是用来穿着、用来摆设或仅是一种体验而已，时尚更是一种收藏，“有些东西只是在当时是一种时尚，以后就成了历史，将这些一时的时尚收集起来，就是一个完整的时尚旅程，同时也就折射出人长大成熟的过程”。

胡可收藏了许多尼泊尔、西藏风情的饰品，每一件都颇有来历：有的是出国带回来的，有的是逛街时偶尔看到的，有的是不辞辛苦淘出来的，还有的是朋友送的……每一件都值得珍惜。

胡可的另一收藏竟是服装吊牌，在胡可上高中的时候就开始收集服装吊牌，不一定非要是一流大牌，只要是设计得非常别致、颜色漂亮的，胡可都会认真地收集起来，现在都有五百多个了，有时一贯理性的胡可甚至会为了一个新的吊牌而买下一件商品。

说到收藏的话题，胡可立刻来了劲：“收藏有时是一种智慧的积累，只有你对这类东西充满喜爱、充满兴趣，你才会认真地去研究它，让它成为你的朋友，了解它就像了解一个朋友，这中间需要一个过程，简单地收集不能说明什么，只有用心了才能称为收藏，这些收藏品不仅是物质的东西，更是一笔精神财富。”

也许胡可收藏的这些藏品并没有多大的升值前景，但胡可觉得哪怕是收藏了一笔精神财富，也是理财的另一种体现。

在经历了理财的成功与失败后，胡可的理财三步课程使她基本上成为一个合格的初级理财者。不过，胡可似乎对自己的理财专业知识并不满意，最近她很有兴趣地买了很多理财方面的书，在胡可看来，理财是一种智慧，是一个不断学习的过程，在学习中成长，在实践中体味理财的快乐。

才女刘若英的出位赚钱法

娱乐圈的女星中，“花瓶”自然要比才女多得多。能描几下儿童简笔画的，就被视为炒作卖点；能写本书的，就是当之无愧的才女了。不过，刘若英虽然才女口碑被媒体公认，但自己倒是十分谦虚：“可能是因为我出了一本书《一个人的 KTV》，大家就觉得会写书、能唱歌还演戏就把我当成才女。真正的才女写出来的东西要得到别人的认可，张爱玲才是!”

其实，《一个人的 KTV》销量很好，在台湾推出时第一个月就达到了三万本的成绩，而带到大陆来推广的已经是第三版了。与其他热衷于写书的明星不同，《一个人的 KTV》不是自传，更不是以照片为主的变相写真集，而是一本记

述了刘若英在拍戏、唱歌过程中的心路历程的诗文写真集，创作时间长达两年。就在刘若英被一些媒体吹捧为畅销书作家时，刘若英的表现却十分冷静，“我始终是歌手，不是作家”，虽然她的第二本书即将在2003年诞生。

就是这么怪，有些人拼命标榜自己是才子、才女结果没人理，刘若英的谦虚却挡不住“才女”的名声。《一个人的KTV》不但让刘若英赚了版税，而且还奠定了刘若英的“台湾演艺界第一才女”的地位。有名自然有利，何况是在娱乐圈很难得的“才女”名，果不其然，电视剧《张爱玲》的主演如期落到了刘若英的头上。“张爱玲”一角的竞争者原来还包括萧亚轩和林忆莲，而且远比刘若英热门，原因在于萧亚轩和林忆莲都有着仿佛张爱玲的瘦高身材和一双凤眼。而刘若英的胜出原因是两个字——“神似”。什么叫“神似”？张爱玲是中国一代才女，刘若英是娱乐圈难得的“才女”，才女演才女，自然“神似”。

说实话，刘若英和师傅张艾嘉（又一著名娱乐圈才女）对“刘若英”三个字的经营实在是特别而有效。虽然她在影视歌写哪个领域都不是顶尖人物，然而在一个“才”字的贯穿之下，四条钱途同时开通而且互相推波助澜，使得“刘若英”的整体形象出奇的优良独特，电影、唱片、电视、广告的邀约纷至沓来，才女赚到的钞票自然多人一筹。这一点很值得大陆的经纪人学习，至少不要再把“青春偶像”、“实力派”、“××大使”这种老掉牙的招式使出来了。

尽管如今前途光明、事业如日中天，但已年过30的刘若英已经开始为将来的生活作打算了，令女权主义者颇为丧气的是，这个才女的终极梦想居然是回家当全职太太。

几乎在所有的公开场合和采访中，刘若英都毫不犹豫地表示，她的理想是做个全职好太太。有一次在电台作节目时，有人问她最喜欢的三种动物是什么，刘若英窃笑着回答，“男人！男人！男人！”结婚狂情态尽显。

据说，刘若英的“太太”理想源自于她的小学时期，当时老师问她的理想，小小刘若英的回答就是“全职好太太”。没想到这个想法居然根深蒂固地扎在了她的脑海，“我的外婆就是专职太太，她做得很好。所以我最大的希望是将来我先生说，我所有的事情都那么成功，全是因为有个好太太！为了这句话，就算要放弃所有的演艺事业，我都会毫不犹豫地答应。”现在，刘才女的最大目标是40岁之前无论如何都要把自己嫁出去。

说起来刘才女变成结婚狂与她的成长道路有关。刘若英毕业于美国加州州立大学，主修声乐，副修钢琴。然而如此优秀的专业背景一开始并没有给她的音乐生涯带来多少帮助：1990年，刘若英与唱片公司签约，但由于公司人员都觉得她不漂亮，因此只能担任助理。整整三年之后，张艾嘉的出现改变了刘若英的命运：她邀请刘才女担纲主演《我的美丽与哀愁》。第一次演戏就是女主角，刘若英惶恐而惊喜的心情可以想象。可惜好事多磨，由于一些原因，《我的美丽与哀愁》一年多都没有上映。

1995年，幸运终于向刘若英招手了，她的另一部电影作品《少女小渔》传出获得亚太影展最佳女主角奖，人因奖而贵，所有人、所有的媒体都一下看到了这个貌不惊人的女孩，她的第一张专辑也趁热打铁出了。但没多久，多变的娱乐圈又把这个长得“很平凡”的女孩子遗忘在了一边。“起起落落好几次了，我曾经有两年多的时间失意在家，没有戏拍、没有歌唱，朋友打电话给我，我不敢接，生怕别人会问我的工作情况，这时候还要骗外婆我工作很忙，那种日子真的很可怕，我一直觉得自己就会这样完了。”回忆起这段日子，刘若英至今后怕。1998年是刘若英彻底翻身的好日子，一张《很爱很爱你》专辑让她的唱片公司从此不再追究销售量。此后，电影、电视、广告、写作……才女刘若英江湖地位稳固。

娱乐圈起起伏伏的生活相信是年过30的刘若英变成结婚狂的重要背景。不管怎么说，有个宽厚的肩膀、有张长期饭票，将来的生活能够靠结婚一劳永逸，这对于辛苦挣扎了十几年的女人总是有着莫大的吸引力的。

说到生活，刘若英虽然表示“钱够用就好”，但作为娱乐圈著名的购物狂之一，她的“够用”标准着实不低。据说只要出国她都不会放过机会逛街购物，尤其是影展期间，她总会抽出短暂的时间抢购打折的名牌与新奇的衣物，有一次在戛纳被媒体逮个正着，她大包小包地拎了两手，十分快乐。不过，刘才女很会砍价，爱死老华亭路的她把砍价视为一种享受。据她自己说，生平砍得最狠的一次在昆明，“我和张艾嘉还有她妈妈在街上挑了好多东西，然后就开始杀价，最后杀得那个人都懵了，不知道该收多少钱。”每次说到这里刘若英的小女人得意情态都会忍不住钻出来。

第二十六章　典型核心家庭理财方案

家庭形成期的理财方案

这一阶段主要是指从结婚到新生儿诞生这一时期，一般为 1 年到 5 年。

结婚可算是人生的一件大事。当你在婚礼上说“我愿意”，那种喜悦是无法形容的。新婚固然幸福，但也必须为将来投资。这一时期是家庭的主要消费期。经济收入增加而且生活稳定，家庭已经有一定的财力和基本生活用品。为提高生活质量，往往需要较大的家庭建设支出，如购买一些较高档的用品；贷款买房的家庭还需一笔大开支——月供款。随着家庭的形成，家庭责任和经济负担的增加，保险意识和需求有所增强。为保障一家之主在万一遭受意外后房屋供款不会中断，可以选择缴费少的定期寿险、意外保险、健康医疗保险等，但保险金额最好大于购房金额以及足够家庭成员 5~8 年的生活开支。

新婚人士要解决好以下问题：

（1）居住：租还是买？每个人情况不同，环境也在变化，应该从实际出发，因人而异。

（2）未来目标的确定：估计自己的收入和支出，定下目标，分清轻重，逐步达到。

（3）收支预算：做好每月的收支记录。

（4）投资取向：决定投资目标。

下面介绍几种投资之道，供家庭形成阶段的朋友们参考。

1. 尊重对方的消费习惯

夫妻双方来自不同的家庭，经济背景、消费习惯不尽相同，花钱消费的观念也难免存有差异，因此应充分尊重对方的用钱习惯，即使对方过于节俭或无度消费，也不要过分干预，而只能在今后的共同生活中循序渐进地进行改造或适应。对于较大的财务收支，要未雨绸缪、共同商定，免得日后发生问题时引起双方争执，影响夫妻的和睦。

2. 保持理智的消费观

新婚家庭的经济基础一般都比较薄弱，双方要立足现实，不要超越家庭的经济承受能力，讲排场、比阔气、相互攀比、盲目消费。激情消费常会使人花一些没必要的钱，日常购物要避免因冲动或受亲朋好友的影响买些不必要的物品，要排除所有的诱惑，在遇到对方提出不必要的购物提议或要求时，不妨坦白说明或自然拒绝。但要给对方一定的自主权，允许对方的钱袋有适当的库存，以备不时之需。

3. 集中家庭资金进行投资

夫妻双方的收支要公开，不要设“小金库”。除去日常的生活开支，将双方的剩余资金参加银行储蓄，购买债券、保险，有条件的可投资证券基金或股票等，通过精心运作，使家庭资金达到满意的收益。

4. 及早计划家庭的未来

对于刚建立家庭的年轻夫妇来讲，有许多目标需要去实现，如养育子女、购买住房、添置家用设备等，同时还有可能出现预料之外的事情，也要花费钱财。因此，夫妻双方要对未来进行周密的考虑，及早做出长远计划，制定具体的收支安排，做到有计划的消费，量入为出，每年有一定的节余，为家庭建立储备资金。

5. 建立家庭收支账本

建立家庭后不妨设立一本记账本，通过记账的方法，使夫妻双方掌握每月的财务收支情况，对家庭的经济收支做到心中有数。同时，通过经济分析，不断提高自身的投资理财水平，使家庭有限的资金发挥出更大的效益，以共同努力建设一个美满幸福的家庭。

家庭成长期的理财方案

这一时期是指从小孩出生直到上大学。

养儿育女是人生的一个重要任务，当今社会，把一个小孩抚养成人，可真是一件不容易的事情。除了费心费力外，各种开支比如参加补习班、兴趣班，教育经费高得惊人。

由于通货膨胀和费用增加，孩子年龄较小的时候费用较低，随着他（她）年龄的增长，所需要的费用会越来越多，因此，要想使孩子受到良好的教育，

从孩子一出生就必须进行规划。

在这一阶段里，家庭成员不再增加，家庭成员的年龄都在增长，家庭的最大开支是保健医疗费用，学前教育、智力开发费用。同时，随着子女的自理能力增强，父母精力充沛，又积累了一定的工作经验和投资经验，投资能力大大增强。在投资方面鼓励可考虑以创业为目的，如进行风险投资等。购买保险应偏重于教育基金、父母自身保障等。这一阶段里子女的教育费用和生活费用猛增，财务上的负担通常比较繁重。那些理财已取得一定成功、积累了一定财富的家庭，完全有能力应付，故可继续发展投资事业，创造更多财富。而那些投资不顺利仍未富裕起来的家庭，则应把子女教育费用和生活费用作为投资的重点。在保险需求上，人到中年，身体的机能明显下降，对养老、健康、重大疾病的要求较大。

相信你也曾经有过这样的怀疑：自己这么努力工作赚钱，却怎样也没有办法追得上每月要缴付的贷款或者是税单的压力，开始质疑自己辛苦争得的学位，在迈入新经济时代后显得一文不值，而且随时担心着自己可能因为裁员让家庭经济陷入困境。

如果你不想整日拼命工作仅仅是为了生活需要和应付购买奢侈品的储蓄，那么你应该先用你的收入去投资，再以投资的收入去购买奢侈品。这样购买奢侈品的欲望不但不会成为你财务危机的原因，反而会是增加你财富的动力。

如果你想成为富人，获得金钱自由所带来的自由生活，那么进入一家令人羡慕的学校和大公司，都不是结果，而只是过程。人们需要在不同的领域学习不同的商业知识，然后在自己的公司里按照你的商业智能去寻找商机，创造属于你自己的财富。

钱不会从天上掉下来，财富的积累都是从点滴开始的。不能一味地等待大投资和大商机，必须从小处开始训练自己的头脑，也必须从小投资小收益开始训练自己的实际操作能力和投资时的心理素质。

家庭成熟期的理财方案

四十岁之前是人生积累经验的时期，四十岁后将是巩固的阶段。经过二十年辛勤忙碌，你在事业上已经有一定的高度，这个时期最重要的就是让财富获得稳定的增长。工作收入稳步增长，而储蓄和投资收入也能不断上升，此时你就应该对你的退休做出计划。另外，孩子已经长大，父母已经退休，你或许有时间进行旅游，同时要做好身体保健和检查。

在这个时期风险承受能力：中；资产值：中到高；负债值：低至中。

理财策略：在每月的收入中，从储蓄和投资中得到的收益比例将会增加；更依靠赚钱带来的收入；加快规划自己的退休生活；应留出更多的时间享受人生；做好保险计划，特别是健康保险计划。

创业期家庭如何打理财富

对于处于创业期的家庭来说，一个现实的情况就是：有一定的收入，但也有许多开支项目。这就要求处在创业期的家庭妥善打理自己的财富，使自己不至于“钱到用时方恨少”。

方先生 29 岁企业会计主管月收入 7000 元，方太太 28 岁公务员月收入 4500 元，孩子 1 岁。家庭的正常月开销 3000 元，有 40 万元的 30 年房贷，每月需要还贷 2500 元。现有基金 12 万元，股票 6 万元，其他存款 8 万元。方先生一家为了改善生活，准备购买一辆价值 18 万元的汽车。同时他们还准备为孩子购买相关保险，并为其准备教育基金。

从方先生家庭的收支情况来看，目前家庭的支出由于涵盖了孩子的大量费用，因此每月 5500 元的支出处于合理的范围内。此外，方先生家庭的负债收入比例和储蓄能力也都处于比较合理的状态。不过其家庭的流动资产可以维持 14 个半月的生活开销，高于合理指标的标准过多，而用于投资的资产则稍显少。至于投资资产方面，方先生家的投资资产的风险层次显得较为简单，其实还可以细分，中长期低风险资产的投资如债券等产品可以适当考虑。

还有一个非常重要的方面，就是家庭的保障，可能是处于新家庭的初期，方先生和妻子除了单位缴纳的社保资金外，都没有相应的商业保险，需要加大这一块的投入。同时，养老保障的投资和孩子的教育投资准备也需要列入其保障计划。

因此对方先生一家而言，建议如下：

(1) 贷款买车。像方先生这种还处于家庭初创期的家庭，投资资产比重的加大更显重要，因此购车计划应尽量考虑用贷款方式来实现。

(2) 为孩子准备教育基金。可以利用教育保险来筹措相当一部分教育金。按现值计算，方先生夫妇为其孩子准备的教育金最低也要近 17 万元，最高近 24 万元。并且考虑孩子留学则还要多准备 20 万~30 万。而当前普通的教育保

险往往以国内学校的学费保障为主，因此，建议方先生一家除购买普通的教育保险外，日常费用支出里还可使用基金定期定额的投资方式，每月 500 元基金定投，以 10%的利率计算，20 年后资金将近 38 万元。

（3）为自身购买部分商业保险。由于方先生夫妇都没有相应的商业保险，因此建议他们分别购买定期寿险以补充保障方面的不足。建议方先生购买到 55 周岁的定期寿险，保额 30 万元，方太太投保到 50 周岁，保额 20 万元。这项费用各家保险公司是不一样的，但总体看来都不是很高。

（4）做好投资规划。从安全性、营利性、流动性三方面平衡，根据理财资金使用的时间需求、家庭的风险承受能力、市场情况综合考虑，资产组合预计年平均收益率约为 8%。在目前的情况下，建议方先生夫妇还可以购买货币市场基金、国债和其他基金进行配置，以长期投资的形式坚持投资，以获得稳定的回报。

（5）做好退休养老计划。退休规划属于长期规划，由于实施的时间跨度相当长，准备期相应也要求较长，方先生家庭当下即可开始准备。先对方先生夫妇的退休规划设计假设：退休年龄和寿命假设 60 岁和 90 岁；在不考虑通胀因素的情况下，退休后每月必要支出在 2500 元左右；因此每年的日常支出大约为 3 万元。不考虑通胀率，从退休到 90 岁，30 年时间需要 90 万元。建议使用定期定额基金投资延续到退休后，假设每年 10%的回报率，从现在到方先生 60 岁，30 年的时间，可以每月投资 600 元于股票型基金，30 年后将达到近 136 万元。

月收入 2000 元左右的理财方案

现在有很多大学生都是在毕业以后选择留在自己上学的城市，一来对城市有了感情，二来也希望能在大的城市有所发展，而现在很多大城市劳动力过剩，大学生想找到一个自己喜欢又有较高收入的职位已经变得非常难，很多刚毕业的大学生的月收入都可能徘徊在 2000 元人民币。如果你是这样的情况，让我们来核算一下，如何利用手中的有限资金来进行投资。

如果你是单身一人，月收入在 2000 元，又没有其他的奖金分红等收入，那么收入就固定在 24000 元左右。如何来支配这些钱呢？不妨借鉴下面的做法：

1. 生活费占收入 30%~40%

在投资前，你要拿出每个月必须支付的生活费，如房租、水电、通信费、柴米油盐等，这部分约占收入1/3。它们是你生活中不可或缺的部分，满足你最基本的物质需求。所以无论如何，这部分钱请你先从收入中抽出，不要动用。

2. 储蓄占收入10%~20%

自己用来储蓄的部分，占收入的10%~20%。很多人每次也都会在月初存钱，但是到了月底的时候，往往就变成了泡沫，存进去的大部分又取出来了，而且是不知不觉的，好像凭空消失了一样，总是在自己喜欢的衣饰、杂志、CD或朋友聚会上不加以节制。你要时刻自己提醒自己，起码，你的存储能保证你三个月的基本生活。要知道，现在很多公司动辄减薪裁员，如果你一点储蓄都没有，一旦工作发生了变动，你将会非常被动。

而且这三个月的收入可以成为你的定心丸，工作实在干得不开心了，忍无可忍无须再忍时，你可以潇洒地对老板说声"拜拜"。想想可以不用受你不喜欢的工作和人的气，是多么开心的事啊。所以，无论如何，请为自己留条退路。

3. 活动资金占收入30%~40%

剩下的这部分钱，约占收入的1/3。你可以根据自己当时的生活目标，有所侧重地花在不同的地方。譬如"五一"、"十一"可以安排旅游；服装打折时可以购进自己心仪已久的牌子货；还有平时必不可少的购买CD、朋友聚会的开销。这样花起来心里有数，不会一下子把钱都用完。

除去吃、穿、住、行以及其他的消费外，再怎么节省，估计你现在的状况，一年也只有10000元的积蓄。

如何让钱生钱是大家想得最多的事情，然而，毕竟收入有限，很多想法都不容易实现，建议处于这个阶段的朋友，最重要的是开源。节流只是我们生活工作的一部分，就像大厦的基层一样，而最重要的是怎样财源滚滚、开源有道，为了达到一个新目标，你必须不断进步以求发展，培养自己的实力以求进步，这才是真正的生财之道。

当然，既然有了些许积蓄，也不能让它闲置，建议你把1万元分为5份，分成5个2000元，分别做出适当的投资安排。这样，家庭不会出现用钱危机，并可以获得最大的收益。

（1）用2000元买国债，这是回报率较高而又很保险的一种投资。

（2）用2000元买保险。以往人们的保险意识很淡薄，实际上购买保险也是一种较好的投资方式，而且保险金不在利息税征收之列。尤其是各寿险公司都推出了两全型险种，增加了有关"权益转换"的条款，即一旦银行利率上升，客户可在保险公司出售的险种中进行转换，并获得保险公司给予的一定的价格折扣、免予核保等优惠政策。

(3) 用2000元买股票。这是一种风险最大的投资，当然风险与收益是并存的，只要选择得当，会带来理想的投资回报。除股票外，期货、投资债券等都属这一类。不过，参与这类投资，要求有相应的行业知识和较强的风险意识。

(4) 用2000元存定期存款，这是一种几乎没有风险的投资方式，也是未来对家庭生活的一种保障。

(5) 用2000元存活期存款，这是为了应急之用。如家里临时急需用钱，有一定数量的活期储蓄存款可解燃眉之急，而且存取又很方便。

这种方法是许多人经过多年尝试后总结出的一套成功的投资经验。当然，每个人根据不同的情况，可以灵活选择。

月收入3000元左右的理财方案

一般对于月收入3000元左右的人来说，月收入的10%~20%留存下来用于投资比较合适。年轻朋友月收入3000元，每月就可以存300~600元。其实，存钱多少并不是关键，关键是投资习惯的养成。要知道，投资必须是一个长期坚持的过程。

如果你目前月收入3000元，有10000元的存款，那你就要给自己确定一个目标，是准备几年后结婚还是买房，还是买车，还是继续深造。其实每个人的投资都要事先有一个目标，假定你投资目标是：计划5年后结婚，需要6万元支出。

首先，每个月的10%~20%的积蓄习惯是要养成的，可存600元。考虑自己的风险承受力，如果没有一些保险类，建议每月投入300元购买商业保险建立风险规避账户。

如此，第一年年末，相信你就拥有了17000多元的积蓄，可以按照自己的想法来规划。

第二年年初，将手中资金1万元，购买股票型基金，预期收益率8%，全年收益800元。

到年末时可以买入货币市场基金，如此循环，估计五年后你就可以实现自己的梦想了。

但要注意两点：其一，很多人只顾着“钱生钱”，而不记得规避风险。投资是一个长期的财富积累，它不仅包括财富的升值，还包括风险的规避，在投资的过程中，要学会利用保险转嫁风险。其二，在建立自己的投资账户时，年轻人由于手头资金量不大，精力有限，与其亲自操作，不如通过一些基金、万能险、投连险等综合性的投资平台，采用“委托投资”的方式，这样不仅可在股票、基金、国债等大投资渠道中进行组合，还可省掉一笔手续费。

月收入 5000 元左右的理财方案

张女士今年 27 岁，她和丈夫是一家企业的普通员工，家庭月收入为 5000 元。结婚三年，两人省吃俭用，积攒了 5 万元积蓄。虽然在所居住的城市，两个人的收入已经比较不错，但是考虑到将来购房、子女教育、赡养父母等家庭开支压力较大，张女士担心家庭收入不能有效利用、科学管理，如何做个合格的“管家婆”?

从张女士夫妇目前的家庭状况来看，两人的投资观念比较传统，承受风险能力较差，家庭投资要求绝对稳健，属于求稳型的投资家庭。虽然目前他们的家庭收入不错，但是缺乏必要的保障。求稳的投资方式对于他们比较合理。

建议张女士按照储蓄占 40%、国债占 30%、银行理财产品占 20%、保险占 10%的投资组合。

在对家庭投资比例分配中，储蓄占的比重最大，这是支持家庭资产的稳妥增值；国债和银行理财产品放在中间，收益较高也很稳妥；保险的比率虽然只有 10%，但所起的保障作用却非同小可。

许多人在保险上存在误区，认为有钱人才适合买保险，钱多得花不了，家庭即使出现风险也不在乎那点保险理赔，其实这是错误的。而收入低的家庭抗风险能力较低，万一遇到意外，这 10%的保险所起的作用是相当大的，可以帮家庭渡过难关。特别是对于张女士这样的家庭来说，负担较重，需要用钱的地方很多，一旦出现意外，可以解燃眉之急。

张女士认为这些建议有道理，既符合自己稳扎稳打的投资观点，又能充分调动家庭收入，获得较高的收益。特别是对保险投资这一块，张女士说自己平日对保险存在误区，认为反正两个人都年轻，也没有认真考虑过。但是经过专家介绍，感觉像自家的情况还真需要一些保障，一来是为了养老打算，二来考虑到如今上有老、下有小，一旦两个人中有一人发生意外，没有多余的钱应付，买保险就可以以防万一了。

“月光族”的理财方案

现在年轻人里流行着一种享乐的消费观念，他们每月的收入全部用来消费和享受，每到月底银行账户里基本处于“零状态”，所以就出现了所谓的“月光族”（每月工资都花光，俗称“月光族”）这个群体。“月光族”具有的基本特征是：每月挣多少，就花多少；往往穿的是名牌，用的是名牌，吃的是馆子，可就是银行账户总是处于亏空状态；他们偏好开源，讨厌节流，喜爱用花掉的钱证明自己的价值，他们认为花出去的才是钱；他们还常常认为会花钱的人才会挣钱，所以每个月辛苦挣来的“银子”，到了月末总是会花得精光。这就是“月光族”的真实写照。王小姐毕业于一所著名高校，毕业后在一家金融公司工作两年，月薪 4000 元，除去每个月的房租、生活费，王小姐喜欢逛街，或到大商场买衣服，每周至少一次。此外，每月还会在酒吧小酌两杯，一个月下来，4000 元往往不够花，有时候还不得不跟好友借钱。结果两年工作下来没攒下什么钱。王小姐今年已经 25 岁了，她很庆幸自己是个女孩，因为自己可以找一个有一定经济实力的男朋友，并且希望男朋友最好能有套房，这样她就不用为买房操心了。

王小姐是一个女士，她可能在成家方面需要付出的相对较少，但是她真的就不需要存有一定的资金了吗？假如她能嫁一个“钻石王老五”还好说，倘若嫁一个收入平常的人，要想成家恐怕就不那么容易了。再假如不是王小姐，而是张先生，再过两年就要面临成家的问题，月月花光，怎么买得起房？虽说不能以钱财作为婚姻的基础，但是真的会有女孩愿意嫁给一个没有一点积蓄，又买不起房子的男人吗？其实与当地普通市民的平均工资相比，王小姐的工资算多的了。即便这样，她依然抱怨：“每到月底，我就两手空空，望眼欲穿地盼望着下个月的薪金。”

老刘，33 岁，是在某建筑工地干活的民工，每天要工作 12 个小时，一天挣 25 元钱，加上夜班，每月收入也不到 1000 元。在扣除吃、住及吸烟钱后，他每月仍坚持给家里寄 700 元。算一算，两年下来，家里收到老刘 16400 元的汇款。试想想，王小姐的月收入是老刘的 4 倍，可是两年下来，老刘有了 16400 元的积蓄，而王小姐还是“一文不名”。看来在金融机构工作的王小姐的理财智商还不如民工老刘。

这里我们不去讨论收入问题。从事劳动不同，付出不同，收入自然不同。

但王小姐每月消费4000元还不够，老刘每月收入不足千元却颇有盈余，这个反差是不是过大了？是不是值得我们深思？像王小姐这样，有高学历、高收入的30岁左右的年轻人，一般在IT、金融、出版、媒体、艺术等领域工作。他们小时候在长辈的百般疼爱下生活，手里攥着亲人们给的零花钱，衣食无忧，学校里的学费、生活费大多也都由家里供给，所以已经养成了只知道消费不知道节省的习惯。一旦踏入社会，敢于超前消费、高档消费，敢于花明天的钱、花他人的钱享受自己今天的生活，把大量的钱花在服装、化妆、餐饮、旅游、娱乐等方面，花到两手空空，再想新的办法，这就是所谓“月光族”。他们没有想过，一般来说，20世纪七八十年代出生的年轻人，在2~4年的未来，不仅要买房、结婚，还可能要赡养4位长辈（自己的父母和爱人的父母）和抚养至少1个子女。所以说，“月光族”要养成节约的习惯，算好每个月的支出后，把剩余的钱按40%的储蓄、30%的国债、20%的理财产品、10%的保险做好投资。如此，才能使未来的生活无忧。

“奔奔族”的理财方案

如果现在你每年可以挣到5万元，现存款近1万元，想三年后结婚买房，该如何规划呢？

作为起步阶段的年轻人，三年后，手中有16万元的资产，但如果想买房结婚的话，可能还需要仔细地盘算一下。

首先，对于房子的要求可不能太高。建议用6万元付首付款（首付3成），按揭购买一套小户型，每月按揭款用未来小两口的收入支付应该压力不大。付完首期后，你手里还有10万元在手中，通常情况下足以对今后的生活起到有力的保障作用。

按照上述想法，三年之后，你及另一半将会拥有一套属于自己的小户型。接下来，就要准备婚礼用钱了。

1. 第一年的投资方案

年初将手中资金1万元，购买股票型基金，预期收益率8%，全年收益800元。

到了年末，将工资及其他收入逐月买入货币市场基金，全年5万元的平均年收益预计为1%，全年收益50000元×1%＝500元。

这样，第一年总收益：500＋800＝1300元。

2. 第二年的投资方案

年初将手中资金 6 万元（1 万元+5 万元），购买股票型基金，预期年收益率为 6%，全年收益 3600 元。

到了年末将进一步买入货币市场基金，预计 5 万元的收益为 500 元。

这样，第二年总收益：500 + 3600 = 4100 元。

3. 第三年的投资方案

年初手中资金 11 万元（6 万元 + 5 万元），由于要考虑买房，出于稳健考虑购买配置型基金，预期收益率为 5%，全年收益约为：

11 万元 × 5% = 5500 元。

到了年末，买入货币基金，预期收益 500 元。

这样，第三年总收益：5500 + 500 = 6000 元。

三年时间，11400 元（1300 + 4100 + 6000）的投资收入作为筹备婚礼的相关费用应该差不多。既有了属于自己的房子，又有了婚礼的费用，算起来应该可以好好地筹备婚礼了。

“北漂族”的理财方案

“北漂族”通常都是指那些在北京为事业打拼的年轻人。无疑，“北漂族”有着巨大的工作压力，而相应的收入可能比较有限。那么，这些人该如何理财才能确保生活的稳定呢？

小李，25 岁，月薪 5000 元，属于北漂一族，将大部分的收入用于房租、在外吃饭、泡吧上。工作至今没有任何积蓄。每到月底，看到空空的钱包就开始为自己不久后买房、买车的事烦恼。像小李这样的年轻人被戏称为“月光一族”，他们该如何理财呢？

[解决方案]

（1）小李所处的阶段是家庭成长期，指工作至结婚的一段时期，一般为 2~5 年。该时期是未来家庭的积累期，每个人的经济收入都比较低且花销较大。建议处于此阶段的人们按照先节财，后增值，准备好应急基金，再购置住房的顺序，调整自己的理财计划。

（2）投资方面。小李最好选择定期定额投资计划，这样做的好处有三个：既能享受到股票市场繁荣的成果，又不必投入太多的时间精力去关心股市，同时还可以养成强制储蓄的好习惯。除此之外，小李还应考虑保险投资，毕竟身

体是革命的本钱，为自己买一份保险可以使自己在暂时生病或失去劳动力的时候有一个基本的生活保障。

单亲家庭的理财方案

单亲家庭一族的家庭财务风险与普通家庭有很大不同，防范风险、建立财务安全网是单亲家庭投资理财的基础和重中之重。这类家庭理财的目标为：一是保障子女教育；二是家庭的财务安全；三是让自己手中的资产实现保值增值。归纳起来就是：资产保值并保持较好的流动性，以满足日常开支、突发事件及孩子教育的资金需要。

单亲家庭的保险额度至少应为子女成年前所需的生活费、学费的总和。若是经济能力充裕，就可趁早为小孩规划独立的保单。因为附加在父母之下的儿童保障最高只保障到25岁，为免单亲家长因身故而保障中断，最好让子女有独立周全的保障。

35岁的宋女士在深圳一家公关公司工作，离异后带着6岁的女儿单独生活。宋女士拥有一套近80平方米的产权房，目前市价为60万元左右，每月需支付住房贷款1500元，尚有8年才能还清贷款，由宋女士负责偿还。宋女士目前个人资产包括5万元的银行定期存款和2万元基金产品。宋女士在一家较大的公关公司工作，收入较为稳定，月收入在4000元左右，孩子的父亲每月支付孩子的抚养费500元。她和女儿每个月的生活费大约为1500元。宋女士因为工作的关系每个月不定期还有一些其他收入，平均每个月会有500~1000元不等。宋女士希望家庭的财力能一直支持孩子的学业，并希望有能力送她出国念书。同时，希望自己手中的流动资金和固定资产都能有所增加，在退休的时候能有50万元左右的可支配款项安度晚年。另外，生活可支配费用随着年度的增长而增长。这段时间内，家庭支出较为固定，并且宋女士的工资也将一定程度地增长。家庭的主要理财支出包括：子女教育、供房、家庭医疗保障、应急基金、资产增值管理、特殊目标规划等。

总体来说，宋女士总资产不多，且主要为房产，可用于投资的资产比例微乎其微。因此，投资规划并不是她目前理财的主要内容，以补贴日常开支及应对突发事件。宋女士本人的收入加上女儿的父亲支付的抚养费月度合计4500元，扣除本人和女儿生活费共计1500元，每月还节余约3000元，可以积累作为家庭生活费用以外的其他支出的储备。因为建立财务安全网是理财的基础和

重中之重。除此之外，建议现有资产和今后收入节余按 5∶5 分别进行权益类投资（如股票基金等）和固定收益类投资（如存款、债券基金等）。

理财专家建议，单亲家庭如果想要避免今后的家庭经济水平陷入窘迫，就需要有一个长期合理的投资理财计划。

（1）定期定额购买基金。这类似于银行存款中的零存整取。定额定期实质上是一种储蓄兼投资的投资工具，是普通家庭实现长远理财目标的主要手段。这种购买方式，不需要自己每月操心购入基金，只要签订协议，后续操作全部自动完成扣款购买。如约定每月账户中扣除 500 元购买开放式基金。在价格高时所购份额较少，价格低时所购份额较多。长期下来，成本自然摊低。这种投资方式就和“滚雪球”一样，最大的优势在于聚沙成塔。可把其作为子女教育基金或自己的养老保障基金。

（2）购买一定量的教育保险和教育储蓄。这是为单亲家庭孩子专门设立的。目前为孩子积累教育金有两种方式：一是教育储蓄。教育储蓄免征利息所得税，如果加上优惠利率的利差，其收益较其他同档次储种高 25%以上。二是教育保险。孩子从出生开始到十四五岁都有资格投保这类险种。在孩子上中学开始，获得保险公司分阶段的现金给付。宋女士可以根据自己的预期来安排现在的保险，用倒推法来选择险种和保额。它的优势在于：保险有强制储蓄的作用，投保人如在保险期内发生重大意外，可以免缴以后各期保费，被投保人到期仍可得到保险公司足额的保险利益。

（3）此外，孩子上大学时，可以考虑让孩子申请助学贷款，同时可享受贷款利率一半免息、免担保待遇。既可增加孩子对社会的责任感，体会生活的压力和动力，也可减轻家长的压力。

参考文献

[1] 王巧. 聪明人如何选基金. 华夏出版社，2009
[2] 董典波，毛定娟. 家庭理财万事通. 中国广播电视出版社，2010
[3] 付欣欣. 女人就是要有钱全集. 华夏出版社，2009
[4] 宿春君，蔡亚兰. 60 天轻松成为理财高手. 华夏出版社，2009
[5] 董典波. 世界上最神奇的 24 堂理财课. 华夏出版社，2009
[6] 宿春礼. 受益一生的投资计划. 经济管理出版社，2008
[7] 孙东雅. 自己就是最好的投资顾问. 华夏出版社，2008
[8] 毛定娟，蔡亚兰. 柴米油盐理财经——家庭理财学为您打造草根幸福. 凤凰出版社，2009

后 记

一本著作的完成需要许多人的默默贡献，闪耀的是集体的智慧。其中有许多艰辛的付出，凝结着许多辛勤的劳动和汗水。

本书在策划和写作过程中，得到了许多同行的关怀与帮助和许多老师的大力支持，在此向以下参与本书写作的人员致以诚挚的谢意：许长荣、史慧莉、闫晗、聂小晴、常娟、武敬敏、王艳明、欧俊、黄晓林、李文静、蔡亚兰、王杰、周珊、赵一、张保文、张艳芬、杨英、杨艳丽、于海英、毛定娟、齐艳杰、李伟军、何瑞欣、付欣欣、黄亚男、刘健、王光波、焦亮、黄薇、廖春红、慈艳丽、王絮、谭慧、杨云鹏等。

阅读是一种享受，写作这样一本书的过程更是一种享受。在享受之余，我的心中也充满了感恩。因为在写作过程中，我不仅得到了同行的帮助，还借鉴了其他人智慧的精华。在此书面市之际，我要对为本书作出贡献的所有人表达我最诚挚的谢意！相信你们的劳动价值不会磨灭，因为它给读者朋友们带来了宝贵的精神财富。

由于时间仓促以及作者水平有限，书中不足之处在所难免，诚请广大读者批评、指正，特驰惠意。